一本正经
玩科学

魏红祥　成蒙　等 —— 编著

中国科学院物理研究所 —— 审定

人民邮电出版社

北　京

图书在版编目（CIP）数据

一本正经玩科学 / 魏红祥等编著. -- 北京 : 人民
邮电出版社, 2022.5
ISBN 978-7-115-57677-4

Ⅰ. ①一… Ⅱ. ①魏… Ⅲ. ①自然科学－普及读物
Ⅳ. ①N49

中国版本图书馆CIP数据核字(2021)第212842号

内 容 提 要

　　充满气的气球竟然扎不破，一点点柠檬汁就可以让气球迅速爆炸，尖尖的筷子戳不破薄薄的餐巾纸，水中的树叶在众目睽睽之下消失不见了，激光的传播路径在液体中发生了弯曲，光被牢牢地锁在了水柱里，普通的纸也能包住火……打开这本书，我们将利用身边唾手可得的材料和器具，向你演示一个又一个神奇的魔法，并揭示其背后的科学奥秘。

　　本书内容来自"中科院物理所"微信公众号《正经玩》栏目，由众多年轻的科学家和博士共同创作完成。该栏目创办 6 年来已设计、介绍了数百个精彩的科学小实验，深受读者喜爱。本书精选了其中阅读量最大、读者最感兴趣的 36 个小实验，并对其进行了完善和扩展，使其更具可读性、趣味性和可操作性。

　　人人都可以成为科学魔法师，请打开手中的这本书，在趣味科学实验中体会科学的魅力！

　◆　编　　著　魏红祥　成　蒙　等
　　　审　　定　中国科学院物理研究所
　　　责任编辑　刘　朋
　　　责任印制　陈　犇
　◆　人民邮电出版社出版发行　　北京市丰台区成寿寺路 11 号
　　　邮编　100164　电子邮件　315@ptpress.com.cn
　　　网址　https://www.ptpress.com.cn
　　　北京九天鸿程印刷有限责任公司印刷
　◆　开本：889×1194　1/24
　　　印张：7.5　　　　　　　　　　2022 年 5 月第 1 版
　　　字数：200 千字　　　　　　　2025 年 1 月北京第 6 次印刷

定价：59.90 元
读者服务热线：(010)81055410　印装质量热线：(010)81055316
反盗版热线：(010)81055315
广告经营许可证：京东市监广登字 20170147 号

本书编委会

Book Editorial Board

前言

中国科学院物理研究所成立于 1928 年，是以物理学基础研究与应用基础研究为主的多学科、综合性科研机构。作为中国最早的科学研究机构之一，物理研究所始终立足于基础前沿领域进行探索创新，寻求突破，同时也始终将科学传播作为一项责无旁贷的重要工作。

物理研究所基于专业的学科背景和面向前沿的开阔视野，向社会公众宣传、普及基础科学知识和前沿科研成果，重视科学文化和科学精神的传播。近年来，在融媒体时代的大背景下，物理研究所将传统媒体和新媒体结合起来，在科学传播方面做了很多尝试与创新。物理研究所在各大主流平台上构建起了以传播科学为主要目的的新媒体矩阵，包括微信公众号、抖音账号、B 站账号、知乎账号等，全平台粉丝量超过 500 万。其中，物理研究所微信公众号创办 6 年来坚持向公众提供高质量的原创性科普内容，在保持严谨的科学性的同时不失通俗性和趣味性，让科学真正贴近公众。值得一提的是，物理研究所微信公众号和 B 站账号相继在 2017 年和 2019 年中国科学技术协会等举办的"典赞·科普中国"活动中荣获"十大科普自媒体"称号。

物理研究所微信公众号包含《Q&A 问答》《正经玩》《线上科学日》等多个栏目，而本书源自特色鲜明、互动性强的《正经玩》专栏。身边随手可得的小物品在这里一跃成为一个个科学小实验里的明星道具，生活里一些难以理解的现象在这里会与深入浅出的科学解析相遇，教科书中艰深晦涩的公式定理更是在一个个奇妙的实验现象中变得活泼有趣。作为物理研究所微信公众号最具象化、最亲民的专栏，《正经玩》寓意探索科学中最多的快乐，所设计的每一个实验都经过了深思熟虑，而我们每一次收到粉丝们的投稿时更是感到无比快乐。以专栏内容为基础，我们提炼出了一些代表性的实验，通过网络直播、线下互动的方式与全国各地的青少年分享科学带来的乐趣，受到了广泛的欢迎。每周六定时发送的专栏文章都在阐述着我们的初衷："希望陪您度过每一个温馨的亲子周末，让小朋友的童年充满知识、爱和陪伴。"现在，人人都可以成为趣味科学实验的主角，拿起手中的这本《一本正经玩科学》，在科学实验中体会科学的魅力，锻炼思维能力，开阔眼界，真正做到玩亦有道、寓学于乐。

在这本书出版之际，我们要感谢《正经玩》栏目的几任责任编辑，他们为本书的诞生提供了丰富的原创性实验内容和翔实的原理解释，他们组成了这本书编委会的主体。感谢物理研究所综合处与科学传播中心在实验器材和拍摄方面所提供的支持。感谢人民邮电出版社编辑耐心细致的工作，这本书能与读者见面少不了他们的执着与努力。最后，感谢广大粉丝长期以来对本栏目的喜爱与支持。希望这本书能为读者朋友推开一扇科学的大门。

目录

1

扎不破的气球

摧毁一个气球最好的方式是什么？那就是用针将其扎破。不瞒你说，我们还真的想不出比这更简单粗暴的方法了。如果说我们将一根竹签或铁签狠狠地扎进气球里，而气球不发生爆炸，你相信吗？我们知道气球是用橡胶制成的，当一个气球充满气时，其内部的压强大于外界的大气压。我们只要轻轻地扎一下，气球内部的气体在压强的作用下就会向外喷射，气球表面产生很大的形变，被撕开一个大口子。正是气体向外喷射的过程引起了气球爆炸。现在你大概已经想到方法了吧，那就是绝对不能在扎的瞬间使气球产生很大的形变。

实验器材

气球、打气筒、竹签（可以用铁签等代替）和锥子，如图 1.1 所示。

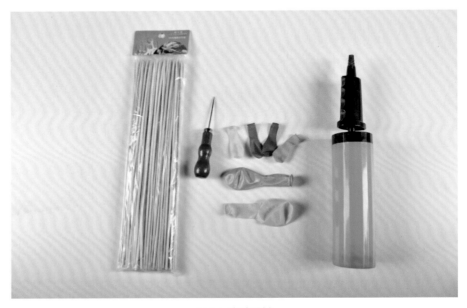

图 1.1 实验器材

实验过程

（1）用打气筒往一只气球内充气，但不要使气球的体积膨胀得太大。

（2）捏住气球的充气口，用锥子对准气球的底部扎进去，如图 1.2 所示。

（3）在这个过程中，气球并没有发生爆炸。如果你的动作再快一点的话，那么就可以用相同的方法将一串气球串起来，如图 1.3 所示。

图 1.2 将锥子稳稳地扎进气球里

图 1.3 气球串

 **原理解释**

用锥子或者竹签扎一个气球时，很可能一下子就把气球扎破了（见图1.4），而只有气球的顶部和底部是最不容易扎破的两个部位。因为气球的顶部和底部的橡胶较厚，当我们将锥子或者竹签扎进去时，橡胶依然包裹在锥子或者竹签周围，而不会产生很大的形变，所以气球内的气体只会慢慢地泄漏，不会发生喷射，气球就不会发生爆炸。如果气球被吹得很大，气球壁就会变得非常薄，一旦锥子或者竹签扎进去，气球内部的气体就会喷射而出，在气球表面产生很大的形变，导致气球被扎破。

图1.4 在薄弱部位扎破气球

 **拓展知识**

我们将锥子和竹签换为图钉，试着看看如何不让图钉扎破气球。在桌子上撒上一把图钉，并使它们的尖端朝上排列好，然后把一只充好气的气球放在图钉上。每一个图钉都很尖锐，足以把气球轻松扎破。那么，这只气球的命运如何呢？我们发现它稳稳地待在图钉上方，毫发无损。

接下来，我们往气球上放砝码，先放一个 100 克砝码，再加一个 50 克砝码，最后我们把所有的砝码都放上去（约 250 克），如图 1.5 所示。这时，气球依旧没有被扎破！难道这只气球的质量太好了？我们只留下一个图钉，而把其他图钉都拿走，然后把气球放上去，并放上 100 克砝码。气球在瞬间就爆炸了，如图 1.6 所示。

图 1.5 一盒砝码压在了下面铺满图钉的气球上

图 1.6 下面只有一个图钉时，气球瞬间就爆炸了

为什么一个图钉很容易把气球扎破，而很多图钉扎不破气球呢？因为气球所受的压强等于压力除以受力面积，当压力一定时，多一个图钉就相当于受力面积增大了一点，所以，放置很多图钉后气球受到的压强反而小得多，自然不容易被扎破。

柠檬炸气球

橙子和柠檬是非常常见的两种水果，橙子酸甜可口，柠檬极酸，却有着独特的香味。它们是酸性水果的代表，但可以和多种食材搭配成美味佳肴。从植物学角度来讲，橙子和柠檬都属于芸香科柑橘属植物，富含维生素 C。另外，它们还有一个奇妙的共同点，那就是它们竟然都能使气球爆炸！

实验器材

柠檬（或橙子）、气球、打气筒、刀子，如图2.1所示。

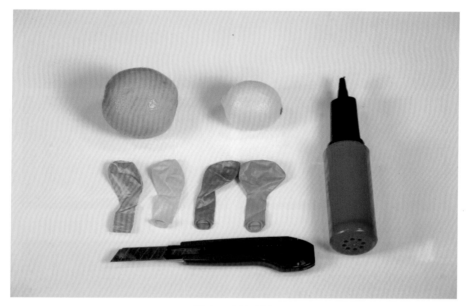

图 2.1 实验器材

实验过程

（1）切开一个柠檬，用刀子把它的表皮"片"下来，如图 2.2 所示。（想想是怎么吃烤鸭的，也许你就理解了"片"这个动作。）我们的目的是得到一块不带果肉的柠檬皮。用打气筒将几个气球充好气。注意，碰过柠檬汁的手擦干后才能接触气球。

（2）手持柠檬皮靠近气球，用力挤压柠檬皮，

图 2.2 取一块柠檬皮

向气球上溅射柠檬皮里的汁水，如图 2.3 所示。注意，不要将汁水溅射到眼睛里，否则你会感到特别痛。这时，通过摄影，你会看到气球爆炸时的场景，如图 2.4 所示。

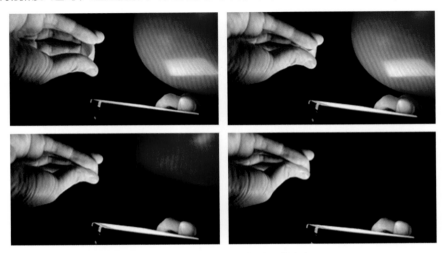

图 2.3 向气球上溅射柠檬皮里的汁水

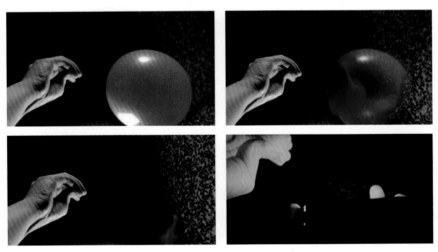

图 2.4 气球爆炸时的场景

（3）换一种方式，将柠檬皮里的汁水挤在手上，然后用手触碰气球，观察实验现象。

如果你面对的是一只脆弱的气球，当把柠檬皮里的汁水溅射到气球表面的时候，气球就会爆炸；如果你面对的是一只比较结实的气球，那么就算它能抵挡住柠檬皮的攻击，也抵挡不住用手把柠檬皮里的汁水涂抹到它的表面的破坏力。把柠檬皮换成橙子皮，这个实验也完全可以实现，不过气球爆炸要比使用柠檬皮时困难一些。

实验原理

气球之所以会爆炸是因为气球被柠檬皮或橙子皮里的汁水溶解出了小洞！

这些汁水是怎么溶解气球的呢？原来柑橘类水果的果皮中含有一种神奇的挥发性油脂，称为柠檬烯。柠檬烯是一种特殊的有机物，可以溶解同为有机物的橡胶，而气球的主要原料就是橡胶。因此，接触柠檬皮里的汁水后，气球被溶解出许多小洞，它自然就爆炸了。如果选择新鲜饱满的柠檬皮（或橙子皮）以及特别薄的小气球，成功率则会更高。

拓展知识

在我们挤压柠檬皮的瞬间，柠檬烯从果皮中飞溅而出，溶解气球，从而使气球爆炸。这个过程很容易理解，但实际操作起来并非那么容易，因为水果的种类、气球的型号以及操作技术都会影响实验的成功率。

前文提到，溶解气球的汁水来自果皮中的挥发性油脂柠檬烯，因此我们应选取果皮中富含柠檬烯的水果。从理论上说，橘子、橙子、柠檬、柚子这些柑橘类植物的果皮中都含有柠檬烯。但是，不同种类的水果果皮中汁水的含量有所不同。比起橙子皮和橘子皮，柠檬皮更容易挤出汁水。此外，水果越新鲜饱满，越容易挤出汁水，实验的成功率就越高。

气球的大小和厚薄不同也会影响实验的成功率。小气球普遍较薄，而大气球一般较厚。我们在实验时也有可能发现汁水飞溅到气球上后气球并未爆炸，而是慢慢漏气。这就是气球过厚导致的。

挤果皮的手法会影响柠檬烯能否被挤出来。最佳方式是拿起果皮的两端慢慢弯曲，同时将果皮的外弧面对准气球。用力过猛反而欲速则不达。

3

气球炸弹

　　"新年到，放鞭炮，鞭炮蹦蹦跳，新年真热闹。新年到，哈哈笑，新年长一岁，祝我个子快长高！"这首儿歌形容的正是过年时喜气洋洋的热闹景象。春节是我国最隆重的节日，每年春节都是辞旧迎新、全家团圆的好日子。放鞭炮，吃饺子，挂花灯……正应了一首诗所描绘的景象："爆竹声中一岁除，春风送暖入屠苏。"近年来城市内不得燃放烟花爆竹这一禁令出台后，春节放鞭炮的习俗渐渐被淡忘了。其实，只要开动脑筋，就能另辟蹊径！在这个实验中，我们将教会大家如何制作气球炸弹。

 实验器材

气球、打气筒、5 角硬币、大钢珠，如图 3.1 所示。

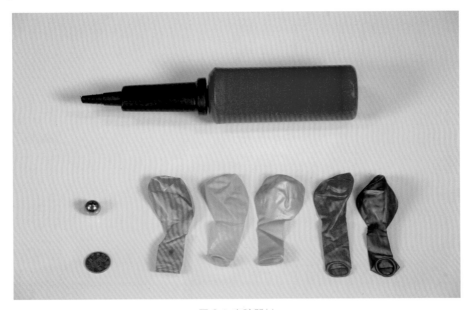

图 3.1 实验器材

实验过程

（1）在给气球充气前，先把准备好的道具（5 角硬币、大钢珠等）放进气球中，如图 3.2 所示。在放置过程中，注意不要让尖锐物品划破气球。

（2）用打气筒给每个气球充满气，充完气后将气球的充气口系好。

（3）在距离地面大约 1.5 米的高度，将充好气的气球摔下去，如图 3.3 和图 3.4 所示。放进气球内的道具还可以是钉子、小钢珠、橡皮等。利用不同的小道具，我们会观察到不同的实验现象。

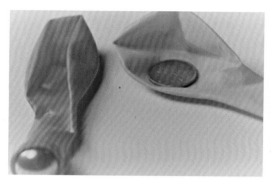
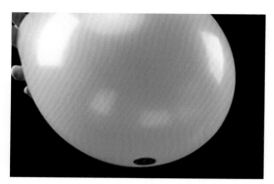

图 3.2 在气球内放置硬币、大钢珠

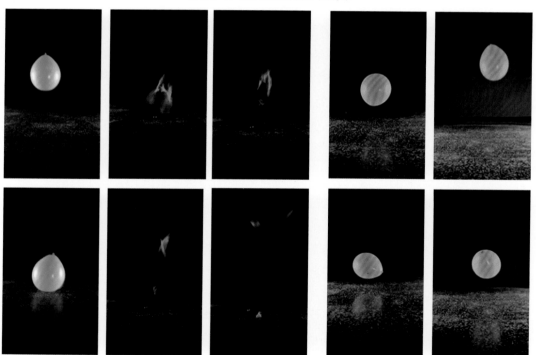

图 3.3 装有硬币的气球爆炸的瞬间　　　　图 3.4 装有钢珠的气球下落后弹起

实验原理

扔下去的气球在什么情况下才会爆炸呢？通过这个实验，我们发现从相同高度扔下去的装有不同东西的气球落地以后的表现也不同。没有装任何东西的气球的下落速度最慢，可以用"飘"来形容。这是因为气球本身很轻，充过气后气球的密度和空气接近，所以它在下落时候才会轻飘飘地。

装有硬币的黄色气球在碰到坚硬的地面的瞬间就会爆炸，而柔软的地面会将气球弹起来。装有大钢珠的粉色气球则会从地面上弹起，但是你只要稍微碰一下它，它也可能发生爆炸。如果气球里装的是钉子，那么气球一定会在落地时被钉子刺破而在瞬间发生爆炸。但是，软软的橡皮就没有那么厉害了。

当气球从高处落到地面上时，气球中的硬币或者钉子很容易在气球上形成长条形破洞。由于气球的弹性张力，长条形破洞会迅速裂开而发生爆炸。如果在气球内放置的是钢珠，则有可能形成一个圆形小洞。

拓展知识

在实验过程中，我们分别往气球内装入大钢珠、硬币、橡皮等。我们也可以换一个角度做这个实验，观察重量、大小不同的气球下落的时间是否相同。

我们可以发现，以同样的高度下落时，内部装有重物的气球下落的速度比没有放任何东西的气球快得多。这符合我们的生活经验，较重的物体往往比较轻的物体下落得快。想一想，为什么在空气中很重的物体比很轻的物体下落得快？关键在于空气阻力。那么，在真空环境里又会是什么样子呢？感兴趣的小读者可以查阅关于比萨斜塔实验的资料。

4

气球吸玻璃杯

　　说起大力士，你是会想起浑身肌肉的猛男还是会想起爱吃菠菜的大力水手呢？生活中也有很多大力士，蚂蚁就是动物界的大力士，它可以举起超过自身体重 400 倍的东西，还能够拖动超过自身体重 1700 倍的物体。我们在这个实验中要用到一个比蚂蚁还要厉害的大力士，那就是小小的气球。

　　气球是个不起眼的小玩意儿，又薄又轻，几口气就能将它吹走。但是只要用对了方法，气球就能爆发出巨大的力量。

实验器材

气球、圆口玻璃杯（杯口要光滑）、打火机、纸和橡皮筋，如图 4.1 所示。

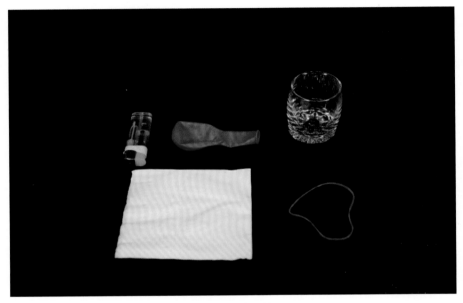

图 4.1 实验器材

 实验过程

（1）将玻璃杯清洗干净并晾干，因为杯中残留水渍的话，在后续操作中容易导致燃烧着的纸片熄灭。往气球内充入适量的空气后将其充气口扎紧（见图 4.2），防止气球漏气。

（2）将一张纸片点燃后放到玻璃杯中（见图 4.3），注意尽量让纸片充分燃烧。（这一步也可以用热水烫杯子来代替。）

（3）等到纸片燃尽后（也就是火苗熄灭开始冒烟的时候），尽快将气球放到杯子上面，并稍稍用力压紧，保证杯口与气球完全贴合，如图 4.4 所示。

图 4.2 扎紧气球充气口

图 4.3 纸片在玻璃杯中燃烧

图 4.4 将气球放在玻璃杯上并压紧

（4）稍微等待一下，可以看到气球已经陷进了玻璃杯中，这说明气球与玻璃杯已经牢牢地"粘"在一起了，如图 4.5 所示。这时只需轻轻提起上面的气球，就会发现下面的玻璃杯也被提起，如图 4.6 所示。注意，不要用力摆动，否则容易导致杯子脱落。

图 4.5 气球与玻璃杯"粘"在一起

图 4.6 提起气球时，玻璃杯也被提起

📖 实验原理

如果想把气球直接取下来，则可能要花费不小的力气，而且容易把气球弄坏。若想不用力就取下气球的话，那么就要等一会儿了。在这个实验中，气球可以稳稳地吸住玻璃杯持续 5 分钟。

如果想把杯子快速取下来且不破坏气球，则可以用热毛巾捂住玻璃杯，让玻璃杯重新热起来。过一会儿，你就会发现气球松开了玻璃杯。

为什么一只小小的气球可以提起比它重许多倍的玻璃杯呢？这与本实验中纸片的燃烧有关。纸片在玻璃杯中燃烧，在加热玻璃杯的同时，也加热了玻璃杯内的空气。由于热胀冷缩，空气在被加热时会迅速膨胀，从而使玻璃杯内部的压强大于外界的大气压。为了达到平衡，玻璃杯内的气体便会向外逸出一部分。待纸片燃尽后，将气球放在玻璃杯上压紧并等待一会儿的目的是让玻璃杯及其内部的空气冷却下来。玻璃杯内部的空气冷却后，其内部的压强小于外界的大气压，外面的空气就会把气球压在杯口上，也就是我们所看到的气球陷入玻璃杯中的现象。这时再提起气球，当然会轻而易举地带动杯子。

在分离气球和玻璃杯时，重新加热玻璃杯是为了再次加热其内部的空气，使玻璃杯内气体的压强增大。当玻璃杯内部的压强等于或大于外部的大气压时，很容易将气球取下来。

💡 拓展知识

热胀冷缩现象在生活中随处可见。例如，乒乓球被打瘪时，只要把它放到热水里，它就会慢慢恢复原样。夏天自行车胎中的气不能打得太足的目的是防止太阳暴晒导致爆胎。我们经常在网络上看到热气球的照片，那么热气球为什么能够飞起来呢？

5

超级弹力球

在本书介绍的很多小实验中，我们都会用到气球。气球物美价廉，方便购买，而且能增加实验的趣味。然而在大部分实验中，气球仅仅作为配角出现。在本实验中，气球是绝对的主角，我们要用气球制作一个超级弹力球。

实验器材

一大包气球、剪刀、水，如图 5.1 所示。

图 5.1 实验器材

实验过程

（1）取出一只小气球，将其充气口套在水龙头上，然后慢慢打开水龙头，有细小的水流流出即可。在保持气球不膨胀的情况下，将气球内部充满水，无须充入过多的水，如图 5.2 所示。也可以用水瓶往气球内部充水。

（2）将内部充满水的气球的充气口打结系好，并用剪刀把多余的部分剪掉，如图 5.3 所示。剪掉充气口多余部分的目的是让我们的超级弹力球成品的形状更接近球体。

图 5.2 往气球内部充满水

图 5.3 将充气口多余的部分剪去

（3）取出第二只气球，将它的整个充气口部分剪去，然后用剩下部分轻轻地包裹住充满水的第一只气球，如图 5.4 所示。注意，不要把充满水的气球刮破。

图 5.4 包裹第二层气球

（4）取出第三只气球，重复第三步的操作，将在第三步中包裹好的气球放入第三只气球中，如图 5.5 所示。重复这一操作 30 次左右，直到这个小球变得较为牢固。

图 5.5 继续包裹气球

（5）这只被层层包裹的小球到底有多大弹性呢？让我们亲自检验一下实验效果。在图 5.6 中，深蓝色小球是包裹了 30 只气球的超级弹力球，而粉红色小球是同样大小的、充满水的单层气球，二者的区别在于粉红色小球没有经过层层包裹。接下来，我们拿起两只小球并在同一高度释放。我们可以看到深蓝色小球弹起了一定高度，而粉红色小球弹起的高度很小。这个实验现象说明，经过层层包裹的超级弹力球弹起的高度明显大于普通的单层充水气球。这只超级弹力球真是名副其实啊！

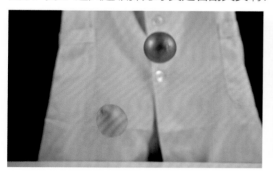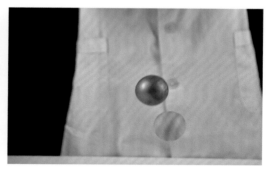

图 5.6 比较两只小球的弹性

📖 实验原理

同样都是充满水的气球，为什么二者的弹性会有如此大的差别呢？这是因为水虽然具有弹性，但缺乏韧性和刚性，而且其弹性也是十分有限的。例如，在水滴下落的过程中，流体的特性决定了水很容易在产生形变时耗散能量。因此，如果有一滴水从高处落下，那么它反弹的高度一般不大，而且极其容易"破碎"成无数更小的水滴。气球是由橡胶做成的，具备良好的韧性。单层气球能保证水聚在一起而不四处分散，但是刚性依然不大，不足以弹起较大的高度。不过，当我们套上 30 层以上的气球后，此时小水球的韧性与刚性都得到极大的提升，于是也就可以弹起更大的高度了。总的来说，通过在小水球外层层包裹气球的方法，我们成功地增大了小水球的弹性，做出了一只超级弹力球。

拓展知识

　　学会利用气球制作超级弹力球的方法以后，你就可以在小朋友们的面前展示一下了。这种通过层层包裹增大弹性的方法其实是对较薄的、弹性系数小的材料进行组合，最终让其变成弹性系数大的材料。日常生活中也有许多这样的例子，比如弹簧并联以后的弹性就能得到极大的提高，将多根橡皮筋并联在一起制作的弹弓的威力也能大增。你知道生活中还有哪些这样的例子？快去找一找吧！

6

旋转的气球硬币

不知道大家是否看过摩托车铁笼表演？几辆摩托车在一个小小的球形铁笼里飞驰的场面堪称惊险。观众在观赏摩托车手精彩表演的同时，无不为其捏了一把冷汗。但是，表演过程中有这么一件事非常值得注意：每一辆进入铁笼的摩托车都在铁笼内做近似圆周运动，每转一圈都会经历一段车轮在上而车身在下的"反重力"运行时间。可是，为什么即使受到向下的重力，摩托车也不会从铁笼顶端掉下来呢？我们可以用气球和硬币来模拟这个场景。

实验器材

气球、硬币、打气筒，如图 6.1 所示。

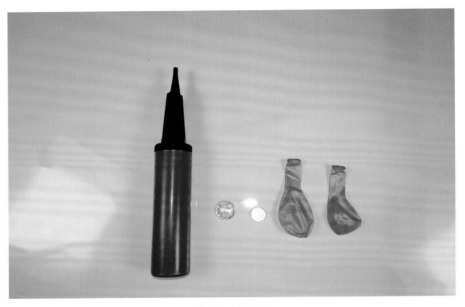

图 6.1 实验器材

实验过程

（1）如图 6.2 所示，干净利落地把硬币塞进气球里。注意，不要让硬币把气球划破。

（2）如图 6.3 所示，用打气筒给气球充气。充气至适当大小后，将气球的充气口扎紧。注意，动作要轻，以免气球爆炸。

（3）用两只手抱住气球，使劲抖动或转动气球，然后让气球静止不动，如图 6.4 所示。

图 6.2 向气球中塞入一枚硬币

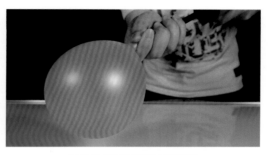

图 6.3 用打气筒给气球充气

我们发现气球里面的硬币变得不安分了，它会沿着气球内壁做圆周运动，而且运动方向与我们转动气球的方向一致。气球静止时，硬币做圆周运动的速度依然很快。这与铁笼里的摩托车十分相似，但硬币转几圈后就会停下来，一般会从高处落下。

图 6.4 硬币在气球内运动的过程

实验原理

　　为什么硬币可以在气球里做圆周运动而不掉落呢？我们在转动气球的过程中也给气球内的硬币提供了一定的初速度。此时的气球相当于表演时的铁笼，硬币相当于铁笼里的摩托车。硬币在气球内做圆周运动的过程中受到指向气球中心的向心力。当硬币转动到气球顶部且速度足够大时，它所受的重力提供了一部分向心力，另一部分向心力则由气球对硬币向下的压力提供，因此硬币不但得以继续做圆周运动，而且紧紧地贴在了气球上。气球内的硬币与摩托车不同的一点是摩托车具有动力，它可以一定的速率在铁笼内完成表演而不会掉落，而硬币只有初速度，并没有持续不断的动力，气球内部的摩擦力会使硬币不断减速。从物理关系上讲，向心力的大小和速度的平方成正比关系。当硬币的速度减小到一定程度后，向心力小于硬币的重力，于是硬币在重力的作用下向下运动而掉落。

拓展知识

　　向心力和重力的关系非常有趣。当我们乘坐汽车从拱桥顶端向下行驶时，你是否有失重的感觉？汽车从拱桥顶端向下行驶时，重力的一部分充当了向心力。如果车速足够大，以至于向心力大到需要全部由重力提供，那么汽车还会沿着拱桥运动吗？如果我们把地球看作一个巨大的拱桥，那么汽车需要多大的速度才可以从地球上飞出去？你知道宇宙飞船飞离开地球时需要多大的速度吗？

7

悬浮的乒乓球

如果问大家喜欢的运动是什么，相信很多人都会提到乒乓球。乒乓球是我国的国球，在赛场上为我国带来了许多荣誉。在赛场之外，打乒乓球也是老少皆宜的一项运动，所需的场地不大，人数也不多。只要你有心情，随时都可以玩上几局，放松身心。看着小小的乒乓球在空中飞舞，就能明白为什么那么多人喜欢这项运动了。大家知不知道，乒乓球除了可以在球台上玩之外，在我们的实验中也是一种很好用的工具？下面我们用乒乓球来表演一个魔术。

实验器材

乒乓球、吹风机，如图 7.1 所示。

图 7.1 实验器材

实验过程

一只手轻轻捏着乒乓球，另一只手拿着吹风机对准乒乓球向上吹，然后在距离吹风机适当的位置慢慢放开乒乓球，如图 7.2 所示。当乒乓球悬浮起来后，用嘴对着乒乓球吹气，试着将乒乓球吹跑。可以用吹风机从不同的角度吹乒乓球，也可以改变吹风机和乒乓球之间的距离，看看如何用气流操纵乒乓球，如图 7.3 和图 7.4 所示。

注意：在使用吹风机时，一定要小心，不要让热风灼伤手！

图 7.2 将乒乓球放在吹风机的上方　　图 7.3 用吹风机向上吹乒乓球　　图 7.4 从侧下方吹乒乓球

 实验原理

在本实验中，乒乓球悬浮后会在某个位置附近振动。当振动幅度减小时，乒乓球不易被吹走。改变吹风机的角度，在一定的范围内，可以使乒乓球悬浮，而且可以操纵乒乓球向任意方向移动。

吹风机吹出的气流给了乒乓球一个向上的力，乒乓球受到的重力和该力的方向相反，当二者平衡时，乒乓球就可以悬浮在空中。

 拓展知识

地球上的任何物体都会受到重力作用，其本质是地球和物体之间的万有引力。重力的表现就是物体被吸向地表，比如向空中抛一个小球或小石子，它最终还会落回地面。又如，水从高处流向低处，人在地面上行走和站立，这些现象背后都是重力在起作用。为了让地球上的一个物体悬浮在空中，就必须用另外一种方式提供一个与重力的方向相反、大小相等的力，也就是该物体必须再受到一个向上的、同样大小的力。

热气球可以悬浮在空中，那么它受到的向上的力来自哪里呢？热气球的气囊中充满了热空气，而热空气的密度比周围环境中冷空气的密度小，所以气囊受到的向上的浮力比向下的重力大。这样一来，气囊下方的吊篮就可以借助气囊的浮力悬浮在空中。这与在游泳池中人可以借助游泳圈漂浮在水中是一个道理。

在游乐园里也可以看到水上表演，水上飞行器向下喷射水流，产生向上的反作用力，表演者得以完成各种高难度的动作。

8

水流下的乒乓球

乒乓球的玩法多种多样，在"悬浮的乒乓球"这个实验中，乒乓球稳稳地悬浮在从吹风机中吹出来的空气中。这个实验的原理就是著名的伯努利原理。在本实验中，我们换一种新的玩法，把流动的空气换成流动的水。那么，在水中运动的乒乓球又会有什么不同呢？当把空气换成水时，控制乒乓球的还是伯努利原理吗？

实验器材

乒乓球、橡胶软管、搪瓷托盘、胶带、线，如图 8.1 所示。

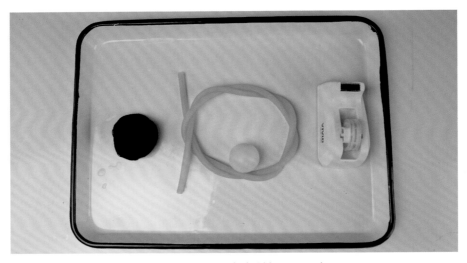

图 8.1 实验器材

实验过程

（1）做好准备工作。用橡胶软管连接水源，保证在实验过程中有水源源不断地流出。最好把橡胶软管绑在水龙头上，用水龙头的开关来控制水流。

（2）打开水龙头，调整水流的方向，使之直接流到乒乓球上，保证乒乓球稳稳地待在水流的下面而不会被冲走。待乒乓球稳定之后，用手前后左右移动橡胶软管，如图 8.2 所示。

（3）用胶带将线的一端粘在乒乓球上，另一端粘在盘子上。放开手后，使这根线自然弯曲，如图 8.3 所示。

（4）重新控制水流的方向，让水流慢慢靠近乒乓球（注意，这里是靠近而不是流到乒乒球上，此时水的流速不能太慢），观察乒乓球的运动趋势。当乒乓球具有运动趋势时，移动水流吸引乒乓球向前运动，如图 8.4 所示。

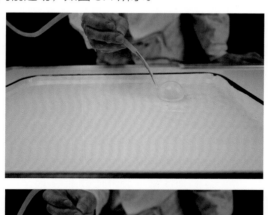

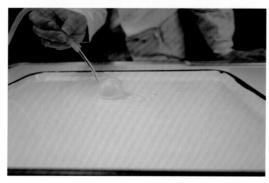

图 8.2　乒乓球随水流的移动而运动

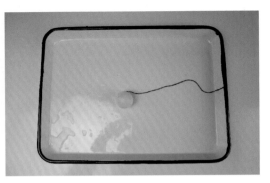

图 8.3 在乒乓球上粘一根线

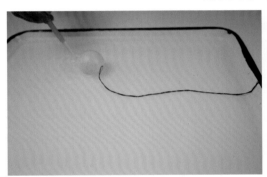

图 8.4 乒乓球被靠近的水流所吸引

实验原理

当把水淋在乒乓球上时，无论水流偏向哪个方向，乒乓球的运动轨迹都将跟随水流的运动。而当水不是直接淋在乒乓球上，而是流到乒乓球附近时，乒乓球会朝水流的方向运动，就好像被水流吸引过去了一样。

首先，解释第二种情况下所产生的现象。这个现象与"悬浮的乒乓球"实验一样，都是伯努利原理（流速越快，压强越小）的典型应用。水流附近的压力较小，从而吸引乒乓球向其靠近，我们观察到细线逐渐绷紧。

而第一种情况则有所不同，虽然用到了伯努利原理，但也有其他原理发挥作用。水直接淋在乒乓球上时，情况并不像乒乓球仅被压力差吸引那么简单。当水淋在乒乓球上时，水并没有飞溅出去，而是沿着乒乓球的表面流下，这种现象叫作"康达效应"。在日常生活中，当你洗碗时，康达效应十分常见。

正是康达效应的存在给了乒乓球的运动以可乘之机。由于水沿着乒乓球的一侧流下，因此，当水流向某个方向移动时，这个方向上水的流量变大，流速随之变快，压强变小，而相反方向上水的流速变慢，压强变大，因此乒乓球向水流方向运动。

拓展知识

在化学实验中，有一种过滤方法叫抽滤，又叫减压过滤。在实验室中最常见的一种减压方式为流水减压法。将装有样品和滤纸的漏斗的下端通过橡胶软管连接到水龙头上。在水流的作用下，周边空气的流速加快，样品一端的水会在大气压的作用下透过滤纸，完成样品干燥的过程。抽滤的原理和本实验中的第二种情况（水流对乒乓球的吸引）完全一样。由此可以看出，伯努利原理在化学等其他学科中的应用同样十分广泛。

9

浮不起来的乒乓球

相信大家一定对第 7 个小实验非常感兴趣，乒乓球的运动方式十分令人惊奇，它会随着吹风机不由自主地移动。仅仅一个小小的乒乓球竟然能为我们完美清晰地展示出了伯努利原理，让我们见证气体压强的"威力"。在本实验中，我们把吹风机吹出来的热气换成缓缓流动的自来水，还能学到什么新知识呢？

在大多数人的印象中，乒乓球是一个小巧的空心球，当它与水邂逅时，它会漂浮在水面上。而在本实验中，我们要介绍的是一种反常现象——浮不起来的乒乓球。我们将大开眼界，看到乒乓球被死死地压在水面下动弹不得。这是怎么回事呢？让我们动手探索一下吧！

实验器材

乒乓球、水、烧杯、搪瓷托盘（可以用水池代替）、自制漏斗，如图 9.1 所示。

图 9.1 实验器材

实验过程

（1）当你的手头没有漏斗时，可以自己用塑料瓶制作一个。找一个塑料瓶，将其上半部分剪下来，注意应多保留一部分瓶身，否则实验可能无法完成。

（2）把乒乓球放入用塑料瓶做成的漏斗中，取下塑料瓶的盖子，如图 9.2 所示。

（3）在装有乒乓球的漏斗下面放置一个搪瓷托盘，用以承接流下来的水。在烧杯内盛满水。

（4）保持漏斗竖直，用另一只手拿起烧杯，迅速向放有乒乓球的漏斗中倒水，如图 9.3 所示。

图 9.2 把乒乓球放入漏斗内

图 9.3 迅速向漏斗中倾倒自来水

（5）观察实验现象。当我们拿起烧杯向漏斗中倾倒自来水时，会出现两种情况。如果倾倒的水较少或速度较慢，那么水中的乒乓球就会迅速上浮，漏斗中的水也会迅速流出，和不放乒乓球时的效果一样。但是，当我们迅速往漏斗中倾倒大量的水时，我们便会看到乒乓球老老实实地待在漏斗底部，没有任何在水中上浮的迹象。可以说，乒乓球被水流死死地压在了漏斗底部。由于乒乓球并不能完全和漏斗底部贴合，我们依然能够发现漏斗中的水在不断地向下流，如图 9.4 所示。当漏斗中剩余的水较少时，被压在漏斗底部的乒乓球将会突然上浮。

图 9.4 浮不起来的乒乓球

📖 实验原理

为什么平时总是浮在水面上的乒乓球此时却被水"困住"了呢？我们知道，当物体距离液面越远时，物体上方的液体越多，物体所受到的压强也越大。物体下表面受到的压强比其上表面受到的压强大，因此才产生了浮力，而浮力的大小刚好等于它所排开的液体的重力。这就是著名的阿基米德原理。如果我们希望利用阿基米德原理预测一个物体在液体中将处于上浮或下沉状态，那么我们就需要注意利用阿基米德原理的两个前提条件。第一，物体的上下表面要被液体包裹；第二，整个液体环境要互相连通。在本实验中，乒乓球堵住了漏斗口，水从乒乓球的上方灌入，乒乓球的下表面没有接触液体。于是，水中的乒乓球不符合上述的第一个条件，只受到了来自上面的液体的压力作用，如图 9.5 所示。这个施加在乒乓球上的压力相当于令其承受了一个水柱的重量。所以，乒乓球被牢牢地压在水面下。

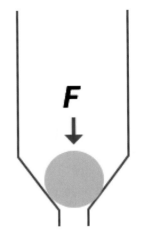

图 9.5 漏斗中乒乓球的受力情况

 拓展知识

你看，一个轻飘飘的乒乓球也有"溺水"的危险，所以，我们在日常生活中一定要注意出水口。不管是在水中游泳还是做其他事情，都不要靠近出水口，即使你身上穿着救生衣。如果你的身体堵住了出水口，就会像这个只有上面接触水的乒乓球一样被强大的水压牢牢地挤在出水口而无法上浮。这是非常危险的。

在现实生活中，如果不慎遇到这种情况，则不要慌张，一边及时呼救，一边巧妙地移动自己的身体，让自己身体的四周都接触水，从而使自己尽量上浮。

10

漂浮的硬币

　　浮力，对于我们来说并不陌生。从小时候开始，我们在不经意间常常接触浮力，比如暑假去游泳池中游泳，过年时帮妈妈捞煮熟的汤圆……说到浮力，常常离不开水。对于水，最简单的规律就是：密度大于水的物体会沉下去，密度和水一样的物体会悬浮在水中，而密度小于水的物体会漂浮在水面上。然而，会不会存在某种情况，使得密度比水大的物体也能浮起来呢？下面我们要做的小实验将打破浮力的普遍规律，让比水重的硬币漂浮在水面上。我们知道，轮船之所以能够漂浮在水面上是因为船体巨大且船舱中充满空气。而这些硬币用合金制成，通常都是实心的，密度一定大于水。如果单纯计算它们在水中受到的浮力和重力，就必然会得出"硬币被放入水中后会下沉"的结论。那么，接下来一起见证奇迹吧！

实验器材

自来水、烧杯（也可以用普通的碗或者水杯等代替），以及1分、2分、5分及1角的硬币各一枚，如图10.1所示。

图 10.1 实验器材

 实验过程

（1）我们选取一枚1分硬币，轻轻地将其平放在水面上，再缓慢地将手挪开。这时，我们会发现硬币稳稳地漂浮在了水面上，如图10.2所示。如果没有成功，请将动作放缓，多尝试几次。

（2）取一枚2分硬币，把它轻轻地平放在水面上。可以发现，它也能够轻松地漂浮在水面上，如图10.3所示。

（3）经过尝试，我们发现5分硬币依然可以漂浮在水面上！难道杯子里的水有神奇的魔力，能够忽略密度带来的影响吗？下面我们用一枚1角硬币再次进行实验，依然将它轻轻地平放在水面上，再慢慢地将手移开，但奇怪的是它并没有像前三枚硬币那样漂浮起来，而是一股脑地沉入了水底！其中的原因到底是什么呢？

图 10.2 轻轻放置，1 分硬币会浮起来

图 10.3 两枚硬币漂浮在水面上

📖 实验原理

　　其实，硬币能够漂浮起来并不取决于浮力，而取决于水的表面张力。表面张力是指液体表面任意相邻部分之间垂直于它们的单位长度分界线的、相互作用的拉力，简而言之就是液体表面向内的拉力。图 10.4 中的水滴之所以保持半球形就是因为表面张力的作用。

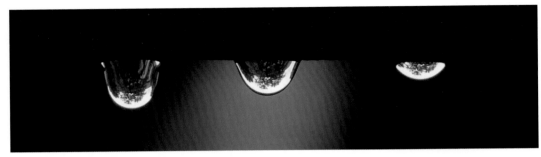

图 10.4 水的表面张力

当我们将硬币轻轻地平放在水面上时，水分子之间就形成了一张结实的网，从而托起硬币，给它一个向上的力，支撑其漂浮在水面上。但这个力相对较小，因此，稍重一点的 1 角硬币就无法漂浮。即使是漂浮的硬币一碰也会沉入水中，如图 10.5 所示。

图 10.5 漂浮的 2 分硬币

 拓展知识

对于一个三维物体来说，如果你关注它的表面形状，就会发现仅由薄薄的一层或几层原子构成的表面竟和其内部的特性千差万别。因此，物体的表面成为了决定一个物体很多特性的关键，表面科学也成为物理学研究的前沿领域。例如，中国科学院物理研究所的表面物理国家重点实验室主要研究表面和界面体系的各种微观结构、物理效应与集体行为等。表面科学是物理研究中最受关注的课题之一，表面张力实验是表面科学的入门级实验。在生活中还有许多有趣的现象体现了表面张力原理。比如，荷叶上的水滴总是呈球形（见图10.6），你还能想到表面张力在生活中的其他应用吗？

图 10.6 荷叶上的水滴

11

瓶子里的"潜水员"

说起潜水，很多人的脑海里的第一印象就是潜水运动。没错，在海边旅行时，潜水探险是一件很酷的事情。当你潜入蓝色的海洋中时，不仅可以观赏大海深处奇特的美景，而且会感受到全身浸入水中时受到的浮力。当然，一些小军迷听到潜水就可能想到潜水艇这样的庞然大物。尽管潜水员身上的装备与庞大的潜水艇不可同日而语，但在如何下潜和上浮这样的基本问题上，二者的原理完全相同。如果你想亲自探究潜水的原理，那么就可以带上专业装备到海里体验一下。那些暂时无法亲身去体验的读者该怎么办呢？可不可以在家里模拟这样的潜水运动呢？看完这个小实验之后，你就可以亲自动手指挥你的"小潜水员"去潜水了。

实验器材

水、塑料瓶、较粗的吸管、曲别针、剪刀，如图 11.1 所示。

图 11.1 实验器材

实验过程

（1）用剪刀从长吸管上剪下一小段，其长度为 3 厘米左右。将剪下的吸管从中间对折，然后用曲别针将折回的两端固定好，如图 11.2 所示。这样就制作出了一个"小潜水员"。

（2）保持两侧吸管的开口朝下，将"小潜水员"放入几乎装满水的瓶子里，如图 11.3 所示。此时，"小潜水员"的体内留有一部分空气。

（3）将手指伸进瓶中挤压"小潜水员"（见图 11.4），将吸管中的空气挤压殆尽，最终在吸管内仅留下一个小气泡，以便"小潜水员"可以悬浮在水中。如果用这种方法难以挤出气泡，则可以把瓶子倒过来挤压吸管中的空气，如图 11.5 所示。

图 11.2 制作"小潜水员"

图 11.3 将"小潜水员"放入瓶中

图 11.4 挤压吸管中的空气

图 11.5 将瓶子倒过来挤压吸管中的空气

（4）挤好吸管中的空气后，将瓶子放在桌子上，轻轻盖上瓶盖。注意，千万不要剧烈晃动瓶子，一定要保证"小潜水员"悬浮在水中，如图 11.6 所示。如果"小潜水员"在实验过程中浮上了水面，则从第三步重新开始实验。

图 11.6　"小潜水员"悬浮在水中

（5）一切就绪后，用手紧握瓶身进行挤压（见图 11.7），观察实验现象。

图 11.7　挤压瓶身时，"小潜水员"下沉

（6）将紧握瓶身的手松开，观察实验现象，如图 11.8 所示。

图 11.8　松开手时，"小潜水员"上浮

在这个实验中，第三步最关键，"小潜水员"体内气泡的大小对实验结果有决定性的影响。如果气泡太小，"小潜水员"就无法浮上来；反之，它就无法沉下去。只有把"小潜水员"体内的空气几乎完全挤出后，实验才能成功。

实验原理

为什么"小潜水员"会在瓶子里下沉和上浮呢？其实，这一切都是浮力原理的体现。当物体静止且不受外力作用时，它所受的浮力等于排开的水的重力（$F=\rho g V_{排}$）。因此，当瓶子不受手的挤压而正常放置时，"小潜水员"排开的水的重力（即浮力）等于吸管和曲别针所受的重力。但是，当瓶身受到挤压时，瓶中水的压强变大，压缩了"小潜水员"体内的气泡，气泡的体积变小（等价于进入吸管的水变多了）。于是，"小潜水员"排开的水减少，它所受到的浮力随之变小。此时，它所受到的重力大于浮力，体现为它在水中下沉。当我们松开瓶身后，瓶内水的压强恢复正常，"小潜水员"又会浮起来。

拓展知识

在好玩的实验背后，我们可以总结出两条关于浮力的规律：当物体所受到的重力不可改变时，可以通过改变物体排开的水的体积控制它的沉浮；而当物体排开的水的体积保持不变时，可以通过改变物体所受到的重力控制它的浮沉。本实验运用了前一种方法，而潜水员与潜水艇在水中活动时利用了后一种方法。当潜水员想要下潜到深处时，他就要背负一定的配重；当他想要上浮时，就应丢掉一些配重来减小重力。潜水艇也是通过改变内部所储存的水的多少来改变所受到的重力，从而进行上浮和下潜的。通过这些例子，你了解浮力的规律了吗？

12

手机版显微镜

早在 1590 年，两个荷兰眼镜工匠通过将镜片放到圆形管中，使靠近管子底部的物体得到放大。虽然放大倍数仅为 9 倍，但这在当时是极具创新性的发明。进入 17 世纪后，荷兰科学家列文虎克更是集前人之大成，制作出了放大倍数可达数百倍的显微镜，并首次发现和记录了微生物的存在。自此，列文虎克和他的显微镜一起开创了人类的新科学，极大地改变了我们的世界观。作为人类科学史上最伟大的发明之一，显微镜打开了人类通向微小世界的大门，是生命科学等领域得以在更小的尺度上和更加精细的操控程度上进行研究的关键技术之一。利用几个透镜互相成像而使物体放大，是"原始显微镜"的工作原理，感兴趣的读者可以尝试自行制作。而在这个实验中，我们将现代产品手机与显微技术结合，制作一个更加现代化的显微镜。

 实验器材

水、手机、滴管、烧杯、纸、签字笔，如图 12.1 所示。

图 12.1 实验器材

实验过程

（1）首先在一张纸条上写几个大小不同的字，用于检测显微实验的效果。这里，我们在纸上写下了 A、B、C 等几个字母。

（2）用滴管在盛水的烧杯中吸取一点水备用，如图 12.2 所示。然后把手机平放，背面朝上。将滴管悬空放置在手机摄像头的正上方。注意，如果手机具有两个或多个摄像头，则选取光圈最大的摄像头。

（3）用滴管在手机摄像头上滴一滴水。首

图 12.2 吸取一滴水

先将水慢慢地从滴管中挤出，在水滴刚在滴管头部形成而尚未滴落的时候，使水滴接触手机摄像头。在表面张力的作用下，滴落的水滴又小又圆，如图 12.3 所示。注意：水滴不要太大，我们也不要让其自行滴落。

（4）调整水滴的位置，使其位于光圈的正中心。

（5）慢慢地将手机翻转过来，使屏幕朝上。动作一定要轻柔缓慢，不要把小水滴甩出去，否则重新进行第三步和第四步操作。

（6）打开拍照功能，将带有水滴的手机摄像头靠近想要放大的物体，然后调节手机与物体之间的距离，直至屏幕上拍摄的图像清晰，如图 12.4 所示。

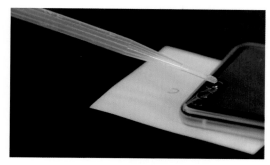

图 12.3 在手机摄像头上形成小水滴

图 12.4 拍摄放大的图像

实验原理

利用一滴水和一部手机，就制成了一台"显微镜"。这里应用了显微镜的基本工作原理。如图 12.5 所示，当物体处于焦距极短的物镜焦点外侧附近时（如图 12.5 中左侧的蓝色箭头所示），它经物镜放大后的实像位于目镜焦点的内侧，于是呈现出了放大的虚像，而这个虚像就是我们看到的被放大

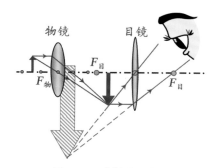

图 12.5 显微镜的工作原理

的像。在我们自制的手机显微镜中，小水滴相当于物镜（凸透镜），而手机摄像头则相当于目镜。不过，手机显微镜的感光器件不能感应虚像，因此，手机显微镜的工作原理与普通显微镜相比有一点小小的不同。物体处于物镜焦点的内侧，呈现放大的虚像，经手机摄像头后在感光器件上呈现实像，进而显示在手机显示屏上。

 拓展知识

在本实验中，小小的水滴竟然可以打开一个微观新世界的大门，是不是很神奇？如果想要拍摄更稳定、更清晰的放大后的图像，那么就可以用一个焦距极短的透镜代替小水滴。目前，市面上售卖的微距镜头基本上就是这样的小透镜。

13

微波炉过热水

　　微波炉由于加热快捷、使用简单，已经成为日常生活中必不可少的家用电器了。我们常用微波炉加热饭菜和牛奶，但从来没有用微波炉来加热水。想必你的心里有一个小小的疑问：既然可以用微波炉加热牛奶，那么为什么不用它加热水呢？这时你可能想去自家厨房里试试了，但是别急，今天我们用一个简单的科学实验来回答微波炉到底能不能用来加热水。

警告：

用微波炉加热水非常危险，请勿尝试！本实验为科学演示实验，请勿自己动手操作。

实验器材

微波炉、烧杯（最好使用有把手的玻璃杯）、蒸馏水（或纯净水）以及豆奶粉（或咖啡粉），如图 13.1 所示。

图 13.1 实验器材

实验过程

（1）将烧杯清洗干净，确保烧杯内没有残渣和灰尘。然后往烧杯内加入准备好的蒸馏水，水面到达烧杯高度的三分之二即可（水不能过多，以免发生危险）。

（2）将装有蒸馏水的烧杯放进微波炉内，把微波炉的加热时间设置为 5 分钟左右（不同微波炉的加热功率有一定的差异，可根据生活经验设置加热时间），开始加热。如果在实验过程中发现异常情况，则应立即关闭微波炉的电源，中断实验。如果烧杯和水都很干净，加热就会悄无声息地进行，我们无法根据声音或气泡等判断水是否烧开。

（3）加热结束以后，戴好隔热手套和防护眼镜，然后取出烧杯，如图 13.2 所示。注意，取出烧杯时要轻拿慢放，切记不能晃动！

图 13.2　从微波炉中取出加热后的水

（4）将烧杯缓慢且平稳地放置在桌子上，然后与烧杯保持足够远的距离（1米以上），将一勺豆奶粉倒入杯子中，如图13.3所示。这时，我们会看到烧杯中的水立即沸腾，而且比我们平时所见到的沸腾剧烈得多，烧杯内的水甚至会喷溅出来！这种现象叫作暴沸，具有很大的危险性，一定注意防止被烫伤。

图 13.3　加入豆奶粉后观察到暴沸现象

在实验中还可能发生另外一种情况：由于烧杯或者水中存在杂质，我们会发现烧杯里的水在微波炉内加热时会沸腾一段时间，然后停止沸腾。这时戴上手套和防护眼镜，把烧杯从微波炉中取出，然后像上面的操作一样加入豆奶粉，同样可以观察到暴沸现象。在实验过程中，一定要轻拿慢放杯子，不能晃动杯子。务必注意安全！

📖 实验原理

我们知道，通常用电磁炉或者热水壶加热水时，热源位于被加热容器的底部，热量通过水的对流传递到容器内的其他部分。水壶中通常会有水垢等细微的颗粒附着在内壁上，在物理学中通常称之为"晶核"。在加热过程中，晶核所处的位置会聚集气泡。当水温达到沸点时，这些气泡就会大量生成并上升至水面。这就是我们通常烧水时看到的沸腾现象。

但是，用微波炉加热水的情况完全不同。与热水壶那样有方向性的加热不同，微波炉会从各个方向对水同时进行加热。由于烧杯和水中不含任何杂质，因此没有晶核来产生气泡，水温即使达到了沸点也无法沸腾，有时水温甚至会超过沸点，即成为过热水。此时，如果晃动烧杯，水内部的对流会破坏亚稳定状态，从而使水发生剧烈的沸腾。如果加入粉末状物质，便会立即提供大量晶核，使水暴沸，严重时甚至可以将大部分水全部溅出杯外，非常容易对人造成伤害。

因此，不要试图用微波炉加热水，这是一种非常危险的操作。

14

色彩的魔术

　　我们思考这样的一个问题：完成一幅漂亮的画作需要几步呢？其实，艺术创作本身就是一个漫长的过程，肯定要经过设计、构图、绘制草稿、制作底稿、刻画、调整等很多烦琐的步骤才能得到一幅漂亮的图画。不过，除了严肃认真的绘画之外，生活中还有一些更加随意的创作。比如"泼墨"，随手一挥，浑然天成。除了将墨水泼在纸上，我们也可以用物理的方法，使用表面活性剂泼出一幅随性而又漂亮的作品，送给你一个五彩缤纷、瑰丽多姿的色彩世界！

实验器材

牛奶、搪瓷托盘、食用色素、洗涤剂、烧杯、注射器（可以用胶头滴管代替，效果更好），如图 14.1 所示。

图 14.1 实验器材

 实验过程

（1）如图 14.2 所示，把一定量的洗涤剂倒入水中，并且不断地轻轻搅拌，确保它与水均匀混合且不产生泡沫。

（2）将牛奶倒入搪瓷托盘里，确保牛奶覆盖盘底，如图 14.3 所示。

（3）向牛奶中加入几滴食用色素，如图 14.4 所示。此时加入的色素都是一团一团的，扩散起来非常缓慢。

图 14.2 将洗涤剂倒入水中

图 14.3 在盘子中倒入牛奶

图 14.4 加入色素

（4）用注射器或胶头滴管在色素附近滴加少量在第一步中稀释好的洗涤剂，我们发现食用色素迅速在牛奶的表面扩散开来，展现出一幅绚丽多彩的图像，如图 14.5 所示。

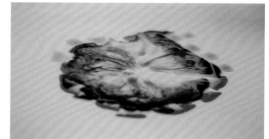

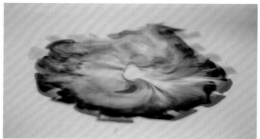

图 14.5 绚丽多彩的图像

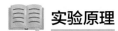 **实验原理**

为什么一旦将洗涤剂滴入牛奶中，原本扩散缓慢的色素就会迅速向四处扩散形成绚丽多彩的彩虹旋涡呢？这是因为牛奶是天然的高分子蛋白质溶液，而食用色素是水溶性的，两者的表面张力不同，所以不能相溶。而洗涤剂的真实作用是作为表面活性剂，它的结构一端亲水而另一端疏水（亲油）。有了它的存在，食用色素和牛奶就能相溶，产生漂亮的图案。

 拓展知识

这个小魔术是不是既简单又神奇呢？在枯燥的生活之余，不妨也来尝试画这么一幅独特的"牛奶画"吧，泼墨风格的神奇作品将在瞬间展现。这里我们用的"作品底料"是牛奶，你还能想出其他合适的"底料"吗？除了洗涤剂外，你还能找到其他更好用的表面活性剂吗？其实，答案不是唯一的。从化学工业的角度讲，表面活性剂有成千上万种，即使家用洗涤剂也是一种混合物。从生活出发，找到适合自己的"催化剂"，将解锁更多崭新的方式，创作出绚烂多彩的作品！

15

水面小纸片火箭

乘坐火箭飞上太空是很多孩子的梦想，有的孩子甚至尝试制作过各种小火箭，如喷气式火箭、喷水式火箭，甚至还有更厉害的喷火式火箭。一飞冲天的愿望都寄托在了小小的模型里。但说到发射小火箭，你一定找不到比本实验更简单的方法了。

实验器材

卡纸、剪刀、洗涤剂、烧杯、滴管、搪瓷托盘，如图 15.1 所示。

图 15.1 实验器材

实验过程

（1）本实验的第一步最简单，但也是整个实验成功的关键，那就是选对纸张。选纸时要注意避免选择容易吸水的纸张，而应选择一张较硬的卡纸或铜版纸。

（2）选好纸张后，剪下一块长和宽均约为 5 厘米的小纸片，然后对小纸片进行加工。在它的前面剪出一个尖尖的头部，在后面剪出一个分叉的尾部。你或许已经发现我们的道具——小纸片火箭已经成形了，如图 15.2 所示。

（3）调一杯水和洗涤剂的混合溶液。具体方法是先加少量的水，然后将洗涤剂缓缓倒入水中，再将其搅拌均匀，以没有泡沫为宜。

（4）在搪瓷托盘内注入一定量的水，然后把小纸片火箭放入搪瓷托盘中，使其头部朝前。用滴管吸取调好的洗涤剂混合溶液。

（5）在小纸片火箭尾部的分叉处滴入洗涤剂混合溶液，观察小纸片火箭的运动。

滴入洗涤剂混合溶液后，小纸片火箭迅速向前移动，如图 15.3 所示。如果继续滴入洗涤剂混合溶液，小纸片火箭移动的速度就会明显减缓。如果将小纸片火箭放入水中后，经过较长时间后再滴入洗涤剂混合溶液，那么小纸片火箭移动的速度就会很慢。换言之，对于同一盆水和同一个小纸片火箭，只有一次快速发射小纸片火箭的机会，所以要求动作又快又准。对于小纸片火箭的制作来说，它的形状应尽可能左右对称，否则它的运动速度和方向会受到影响。

图 15.2 剪出一个小纸片火箭

图 15.3 发射小纸片火箭

📖 实验原理

分子之间普遍存在相互作用，分子之间的距离大于平衡距离时表现为引力，分子之间的距离小于平衡距离时表现为排斥力。对于水来说，内部的水分子呈球形对称，它们之间的距离等于平衡距离，合力为零。

但是界面处的水分子没有上层水分子斥力的约束，容易挥发而使表层水分子的分布更加稀疏，因此，表层水分子之间的相互作用表现为引力，形成表面张力。另外，因为氢键的作用，水的表面张力比一般的液体更大。

洗涤剂等洗涤用品中含有表面活性剂，它由亲水基（极性基团）和憎水基（非极性基团）组成。当把表面活性剂滴入水里时，亲水基立刻朝里与水分子结合，而憎水基朝外。从水的表面来看，表面活性剂中的亲水基和内层的水分子结合，憎水基排斥表层的水分子，让表层水分子靠拢，水分子间的引力减小（表面张力减小）。对于纸片火箭来说，表面活性剂沿着小纸片火箭的分叉迅速向后排斥表层的水分子。根据牛顿第三定律，表层的水分子对小纸片火箭有相反的作用力，所以我们看到小纸片火箭向前运动。

 拓展知识

科幻小说《三体》描绘了曲率驱动的场景。改变飞船后面的空间的曲率，将空间烫平，那么飞船就会被曲率更大的空间拉过去。我们不妨脱离实际，开一个大大的脑洞：假设水的表面是我们所处的宇宙，水的表面张力相当于空间曲率。在实验中，小纸片火箭前面的水的表面张力不变（空间曲率不变），在它们后面加入表面活性剂后，水的表面张力变小（空间被烫平），小纸片火箭被前面的表层水拉着往前运动（曲率驱动）。虽然用这种方式理解曲率飞船并不严谨，但不失为一种形象的方式。

16

层流现象

将一滴墨水滴入澄清的水中，整杯水的颜色就会发生变化；在屋子里喷一点香水，各个角落很快就充满了香味。我们习惯了这种自发的扩散现象，但是你见过扩散到一半的物体重新回到扩散前的状态吗？在本实验中，我们将见识一种神奇的层流现象。

实验器材

烧杯（两个）、纸板、双面胶、滴管、六角螺栓、L 形六角扳手、洗涤剂、食用色素、剪刀、离心管，如图 16.1 所示。

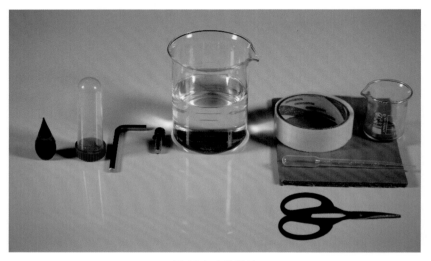

图 16.1 实验器材

实验过程

（1）在烧杯中加入半杯洗涤剂。为了改善实验的观赏效果，最好将洗涤剂静置一段时间，等气泡逸出后再进行下一步操作。（注意，本实验会使用大量洗涤剂，实验完成后应加以回收，以免造成浪费。）

（2）用剪刀剪一块与烧杯口大小相当的圆纸板，在离心管的盖子上也打一个孔，然后用六角螺栓将圆纸板与离心管连在一起，如图 16.2 所示。

（3）在圆纸板上再打两个小孔，再在它的四周粘上一层双面胶，将它固定在烧杯上，如图 16.3 所示。

（4）在另一个烧杯内倒入少量洗涤剂，再加入几滴食用色素。充分混合后，用滴管吸取少量混合液体，并通过圆纸板上的另一个孔，将其滴入烧杯内，如图 16.4 所示。

（5）用 L 形六角扳手转动离心管（见图 16.5），观察实验现象。

（6）当把离心管转动一定角度后，反向转动 L 形六角扳手，观察实验现象。

（注意，在第五步和第六步中，转动的速度不能太快。）

图 16.2 在圆纸板上安装离心管

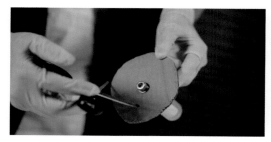

图 16.3 将圆纸板固定在烧杯上

图 16.3 将圆纸板固定在烧杯上（续）

图 16.4 将混有色素的液体加入烧杯内

图 16.5 转动离心管

 实验原理

在第四步中，我们把混有色素的洗涤剂滴入了大烧杯中，形成了一个深蓝色的液滴。当转动 L 形六角扳手时，我们发现混有色素的洗涤剂并没有像在水中那样扩散开来，而是在离心管的带动下缓缓铺展成带状。最为神奇的是，当我们反向转动 L 形六角扳手时，本来已经扩散为带状的色素竟然恢复为原来的水滴状，如图 16.6 所示。这是怎么回事呢？

图 16.6 反方向转动离心管

其实，这个实验的玄机就在洗涤剂中。烧杯里所加的洗涤剂是一种很黏稠的流体，加入色素的目的是为了更清楚地观察洗涤剂的流动状况。当离心管朝着某个方向转动一定角度，再反方向转动相同的角度后，色素从一开始的液滴状被拉扯成带状，然后又从带状变回液滴状。这种现象的发生缘于洗涤剂的层流运动。层流是指流体质点具有规则的光滑曲线轨迹的流动。我们可以用一种非常直观的方法去理解实验中发生的现象，即将流体看成一摞扑克牌，当我们推动最上面的那张扑克牌时，每一张扑克牌都会跟着滑动，而且每一张扑克牌的运动速度和最终到达的位置不同。当我们沿着原来的路线往反方向推动最上面的那张扑克牌时，下面的扑克牌也会随着一起往回运动，回到开始时的状态。图 16.7 为本实验装置的示意图。

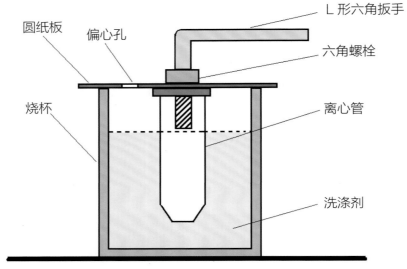

L 形六角扳手

圆纸板　偏心孔

六角螺栓

烧杯

离心管

洗涤剂

图 16.7 实验装置示意图

 拓展知识

　　也许你早已发现这个实验只是借助洗涤剂演示的一个有趣的流体力学实验。那么，我们可以从实验中获得哪些流体力学知识呢？实验表明，流体有两种流态，即层流和湍流。它们的发生与雷诺数息息相关。雷诺数反映了惯性力与黏性力的比值，雷诺数越小，黏性力越大，惯性力的影响越小，流体的流动越趋于稳定。图 16.8 给出了雷诺数不同时圆柱绕流的情况。我们可以清楚地看到，当雷诺数变大时，流体的流动状态从层流变为湍流。洗涤剂属于雷诺数较小的流体，因此层流现象十分明显。

　　另外，根据流体力学知识，我们可知在距离离心管越远的地方，流体的流动速度越慢。所以，为了获得更加明显的实验效果，尽量将色素滴在靠近离心管的位置。

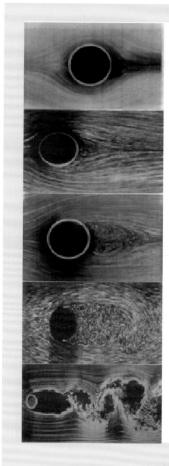

$Re<1$ 圆柱前后的流线近似对称

$Re<40$ 圆柱后方形成上下对称的涡对

$Re<10^3$ 卡门涡街

$Re<10^5$ 大分离，物面层流边界层

$Re>10^5$ 小分离，物面湍流边界层

图 16.8 不同雷诺数的流体的运动状况

17

指尖上的番茄舞

你是否看过杂技表演？钻火圈、走钢丝、骑小车、叠罗汉……每一个表演项目都凝结着人们的智慧，同时也是杂技演员深厚功底的体现。以走钢丝为例，杂技演员在表演时需要在一根钢丝上行走，在整个过程中需要不断保持自己的平衡，稍有不慎就会跌落下去。如此紧张刺激的表演对表演者来说是一个巨大的挑战。一般人连在独木桥上保持平衡都很难做到，更别说冒着很大的风险在钢丝上行走了。我们发现杂技演员在走钢丝时会手持一根长杆或者张开双臂，这是怎么回事呢？

实验器材

番茄（或土豆）、叉子（两个，较重）、钉子、酒杯（或量筒），如图 17.1 所示。

图 17.1 实验器材

 **实验过程**

（1）拿起一个番茄，将其放在一根手指上，用指尖将番茄举起，保持平衡。然后前后左右移动番茄，记录番茄在指尖上保持平衡的时间。

（2）将两个叉子分别插进番茄下半部分的两侧，插入的位置尽量对称，保证番茄两侧平衡，如图 17.2 所示。用指尖举起插入两个叉子的番茄，如图 17.3 所示。移动手指，记录番茄在指尖上保持平衡的时间。

图 17.2 将叉子插入番茄中

图 17.3 番茄在运动中保持平衡

（3）在番茄的底部插一根钉子，然后用钉帽托着番茄，将其放在量筒口。仔细调整，直至番茄在量筒口保持平衡，如图 17.4 所示。

为什么番茄在两个叉子的保护下更容易保持平衡？番茄的重心偏高，在前后左右运动时，它的重心容易偏离指尖，导致它从指尖掉落。但是，当番茄的下半部分多出两个叉子后，整个体系的重心就会降低，因此，番茄即使摇摇晃晃也不容易掉落。两个叉子可以起到杂技演员所使用的平衡杆的作用。我们可以通过调整两个叉子的位置，使本身并不对称的番茄更容易保持平衡。

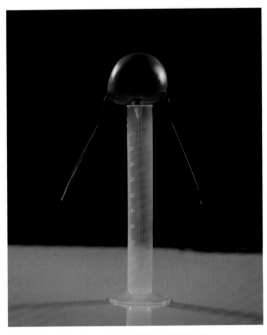

图 17.4 番茄在量筒上保持平衡

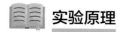

实验原理

本实验的三个步骤分别演示了三个比较独立的实验。通过对比可以发现，在两侧分别插进两个叉子的番茄更容易在我们的指尖上保持平衡了。在移动手指时，番茄在我们的指尖上摇摇晃晃，就像在跳舞似的，但总能保持平衡而不掉下来。

在第三步中，我们在番茄的底部插入了一根钉子，受力点很小，但是将重心重新调整好后，番茄也可以在量筒口保持平衡。

拓展知识

除了指尖上的番茄舞外，将两个叉子平稳地放在酒杯的边缘是一个非常经典的平衡术实验。在这个实验中要用到一个小螺钉和两个叉子。将两个叉子卡在小螺钉上，尽量保证两个叉子左右对称。然后将钉帽放在酒杯口，使整个系统保持稳定，如图17.5所示。你能解释为什么两个叉子可以在酒杯口保持平衡吗？

图17.5 两个叉子在酒杯口保持平衡

18

木棍挂水瓶

"给我一个支点，我能撬起地球。"这句话出自古希腊著名科学家阿基米德之口。阿基米德是一位人们十分熟悉的科学家，他发现并解释了许多重要的自然现象，留下了许多伟大的科学发明。例如，他发现了浮力定律，并据此鉴别了国王的王冠是否由纯金制成；他认识到了杠杆原理，留下了上面这句震惊于世的名言；他发现了凹面镜聚光的原理，并以这种方式点燃了罗马人的战船，捍卫了自己的家园；他发明了螺旋泵，为古希腊的农民找到了汲水的好办法。但是，我们即使掌握了某些原理，往往有些小事做起来也没有那么容易。比如，用三根木棍可以挂起三瓶水吗？

实验器材

木棍、剪刀、毛线、三角板、矿泉水瓶，如图 18.1 所示。

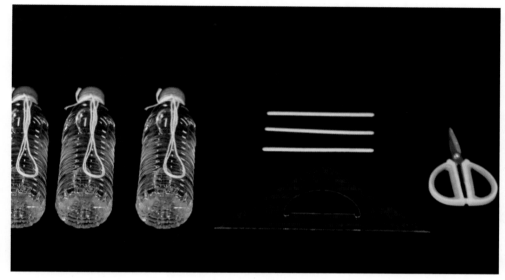

图 18.1 实验器材

实验过程

（1）在 3 个矿泉水瓶内装满水，将其放在一边待用。用剪刀修剪木棍（如图 18.2 所示），使三根木棍中的两根等长，另一根稍长一些。再用剪刀将毛线剪下一段，用双股系住其中一个矿泉水瓶的瓶颈。木棍和毛线的长度要合适。这里我们使用的木棍长度为 6 厘米，毛线的长度为 80 厘米，实验时可不严格按照这些数值。

（2）放置第一根木棍。将较长的那根木棍放在桌子边缘，使其一半悬空，另一半用一个矿泉水瓶压住，如图 18.3 所示。然后将刚才系好毛线的矿泉水瓶挂在木棍上。

（3）放置第二根木棍，将其卡在两股毛线之间，然后将第三根木棍竖直放在两根木棍之间，如图18.4所示。

（4）由于第三根木棍容易脱落，因此这一步对系统进行微调。为了避免第三根木棍不受力，可以使它并不严格垂直于第二根木棍。小心地向上移动第二根木棍的两端，尽量把第三根木棍顶紧。是否将第三根木棍顶紧是实验成功与否的关键。

（5）小心地移开桌面上的矿泉水瓶，如图18.5所示。

（6）在另外两个矿泉水瓶上系好毛线，然后将这两个矿泉水瓶挂在第一个矿泉水瓶的瓶颈处，如图18.6所示。

图18.2 用剪刀修剪木棍

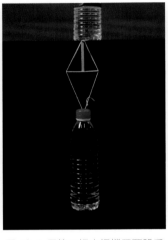

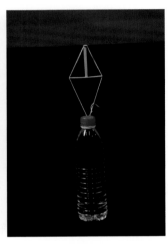

图18.3 把一个矿泉水瓶压在桌子边缘的木棍上

图18.4 用第二根木棍撑开两股毛线，将第三根木棍撑在前两根木棍之间

图18.5 将桌面上的矿泉水瓶取走

看似弱不禁风的三根短木棍竟然在挂了三个矿泉水瓶后依然保持平衡！当我们移开压住第一根木棍的矿泉水瓶后，会发现桌面上的木棍的另一端微微向上翘，由毛线吊着的矿泉水瓶依然保持平衡。再往上面增加重量后，它们依然可以保持平衡，但这个平衡是有限度的。这个平衡实验需要较高的技巧，多试几次才能成功。

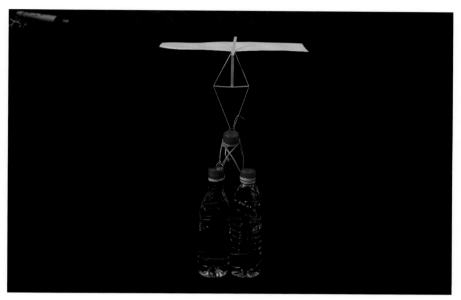

图 18.6 将另外两个矿泉水瓶挂好

📖 实验原理

　　平衡问题从来都少不了力学知识。本实验是一个纯粹的力学平衡问题。被撑开的两股毛线对横向放置的木棍施加向内的压力，这个压力保证横向放置的木棍和毛线之间具有足够的摩擦力，而这个摩擦力与竖直放置的木棍对横向放置的木棍提供的支持力平衡，支持力的反作用力表现为横向放置的木棍对竖直放置的木棍施加向上的压力。因此，三根木棍相互支撑，形成一个稳定的支架，如图 18.7 所示。在接下来不断加矿泉水瓶的过程中，虽然桌面上的那根木棍会慢慢翘起，但整个系统的重心始终在它的受力点的下方。

图 18.7 三根木棍的排列方式

拓展知识

　　力的平衡也是一种艺术，本实验通过巧妙的构思和力学设计，用三根小小的木棍承担了三瓶矿泉水的重量。现实生活中有很多利用力学平衡原理的地方，比如利用杠杆原理称重的天平、路上行驶的一辆辆自行车……这些生活中的例子虽然常见，但其中的奥秘你都明白吗？你能在实际生活中找到和本实验原理相同的、依靠力学平衡来工作的物体吗？

19

钉子平衡术

在人们的印象里，钉子这种小东西通常用来固定木头等物体。但是这个实验提出的问题非常有趣：如何用一根钉子撑起另外 12 根钉子？钉子几乎不符合平衡的所有条件，比如它两端的质量不一，本身不对称；它的质量较小，但长度较大，因此非常容易因为重心偏移而失去平衡；钉子通常是金属制品，表面光滑，摩擦力较小。所以，在一根钉子上就算只放一根钉子也会非常困难，更何况要放上 12 根钉子。

 **实验器材**

长钉子（至少 13 根，80 毫米或更长）、锤子、木块，如图 19.1 所示。

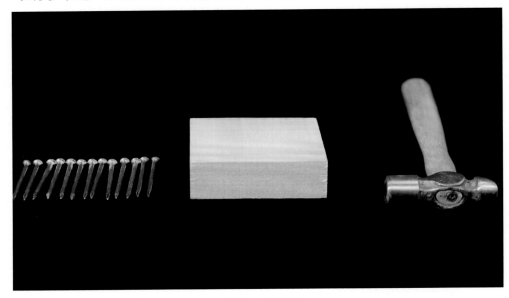

图 19.1 实验器材

实验过程

（1）在木块上钉一根钉子作为支撑，如图 19.2 所示。

（2）将支撑用的钉子钉好之后，开始用另外 12 根钉子搭建平衡系统。以一颗钉子为基础，在它的上面依次左右交叉排列 10 根钉子，如图 19.3 所示。

（3）在这 10 根钉子的最上面再放一根钉子，一定要同时卡住其他所有钉子的钉帽，如图 19.4 所示。

（4）用两只手分别拿着上下两根钉子的两端，稳稳地将这 12 根钉子提起，将它们放在木块上的那根钉子的钉帽上，如图 19.5 所示。这一步并不容易成功，如果失败，则从第一步重新开始实验。

图 19.2 将钉子钉进木块中

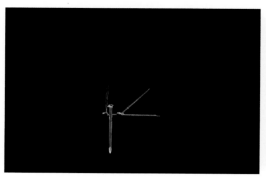

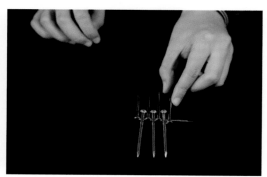

图 19.3 左右交叉排列钉子

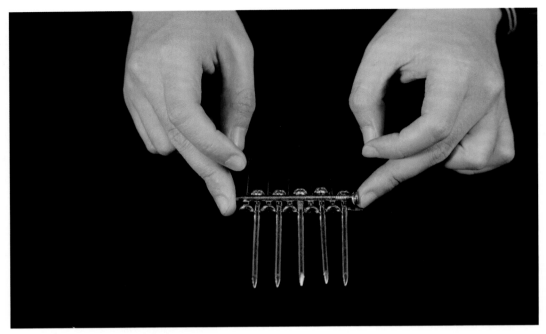

图 19.4 横向放置一根钉子，卡住其他钉子的钉帽

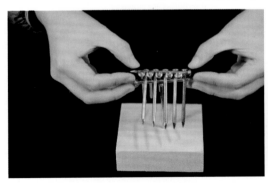
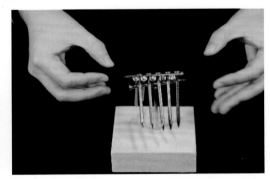

图 19.5 将用 12 根钉子搭建的平衡系统放在支撑用的钉子上

　　在用 12 根钉子搭建的系统中，10 根钉子交叉排列，左右对称，而另外两根钉子分别从上、下两边卡住了所有钉子，从而锁住这个系统。一旦找到了这个系统的重心，我们就

可以把这个系统稳稳地放在支撑用的钉子上，如图 19.6 所示。我们确实用一根钉子撑起了另外 12 根钉子！

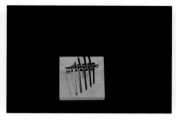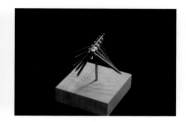

图 19.6 实验效果

实验原理

这个实验是一个典型的力学平衡问题。为了将 12 根钉子搭在支撑用的那根钉子上，我们搭建了一个精妙的平衡结构。每一根向外突出的钉子都指向斜下方，因此它们的重心都低于整个系统的支点，从而保证了整个系统在垂直方向上的平衡。而我们在左右两边各放置 5 根钉子，则保证了整个系统在水平方向上的平衡。卡在上面和支撑在下面的两根钉子阻止了其他钉子想要旋转的趋势，实现了力矩的平衡。这个小小的设计体现了如此多的物理知识，称得上相当精巧了。

如果可能的话，则可以用更长一些的钉子搭建多层平衡系统。

拓展知识

在古代建筑中，我们可以看到类似的构造：直接通过凹凸部位的结合将两块木头连接在一起，形成自锁的稳定结构。这就是榫卯。你能发现生活中有哪些榫卯结构并解释它们的原理吗？

20

小小纸巾，柔中带刚

任何事物都有两面性，站在不同的角度看到的事物也会不一样。有人会说柔软的纸张在我们的眼中总是脆弱的代表，一撕就破，难道纸张也有刚强的一面吗？当做完了这个实验以后，你就会发现原来纸张也有坚韧刚强的一面。下面就让我们看一看纸张神奇的一面。

实验器材

食盐（可用细颗粒的糖、沙子等代替）、纸筒、筷子（可用试管、玻璃棒等代替）、橡皮筋、纸巾，如图 20.1 所示。

图 20.1 实验器材

实验过程

（1）如图 20.2 所示，用纸巾包裹纸筒的一端，并用橡皮筋把纸巾固定在纸筒上。

（2）准备另外一个纸筒，重复上面的操作，不过事先向这个纸筒中装入适量的食盐，如图 20.3 所示。为了使实验现象更加明显，要保证食盐至少占纸筒容积的 1/4。（关于具体要放入多少食盐，应根据所用的纸张进行尝试。）

图 20.2 用橡皮筋把纸巾固定在纸筒的一端

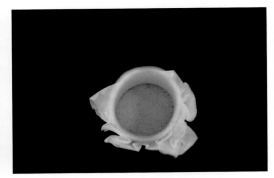

图 20.3 向第二个纸筒中加入一定量的食盐

（3）将筷子竖直向下插入第一个纸筒中，轻轻戳动，观察纸巾的变化。

我们可以看到，稍微用点力，纸巾就被筷子戳破了，如图 20.4 所示。

图 20.4 第一个纸筒的实验现象

（4）将筷子竖直向下插入第二个纸筒中，我们发现即使用了较大的力气，纸巾还是没有要破裂的迹象，如图 20.5 所示。我们可以试着每次都增大一点力气，看看纸巾能坚持到什么时候。经过实验发现，装了食盐之后，想要戳破纸巾要多用几倍的力量才行。

图 20.5　第二个纸筒的实验现象

📖 实验原理

为什么加了一些食盐以后，纸巾可以承受的力量就有这么大的差异呢？

用筷子直接去戳纸巾时，受压面积只有筷子头那么大（见图 20.6），所以很容易将纸巾戳破。在纸筒里加入食盐时，冲击力的分布就完全不一样了。食盐是非常细小的颗粒状物质，颗粒之间存在摩擦力，能将局部的冲击力分散到整个系统中，纸巾在单位面积上所承担的压力就会减小。

当然，食盐的作用也是有限的，如果我们不断加大力气，纸巾最终还是会被戳破。

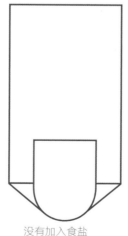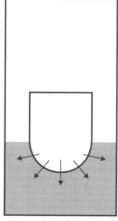

没有加入食盐　　　　加入食盐

图 20.6　实验原理示意图

拓展知识

　　你明白食盐在实验中起到的作用了吗？食盐让本来脆弱的纸巾能承受更大的力。在战争时期，为了阻挡子弹，战士们在战壕中堆满沙袋，如图 20.7 所示；现在人们为了不让几百吨重的火车把路面压垮，就在铁轨下铺满了碎石，如图 20.8 所示。这些都利用了相同的原理。

图 20.7 战壕中的沙袋

图 20.8 铁轨下的碎石

21

肉眼可见的波动

　　春夏秋冬，四季轮转，风景迥异，不知道各位小读者最喜欢哪一个季节？夏天的热是深入骨髓的，但是夏天的快乐回忆也是难以忘怀的。大块的冰镇西瓜，不绝于耳的蛙叫蝉鸣，碧波荡漾的湖水，郁郁葱葱的树木……这就是令人神往的夏日景象！虽然夏天的阳光灼热猛烈，但不用担心，繁茂的枝叶就像滤镜一样过滤掉了大部分热量，只留下斑驳树荫。树荫的形成原理很简单，主要缘于光的直线传播。在本实验中，我们可以人工方式制造出夏日树荫，一起来试试吧。

 **实验器材**

　　激光笔、铜丝（两种粗细）、光盘、铁丝网（网眼密一些的较好）、铁架台，如图 21.1 所示。

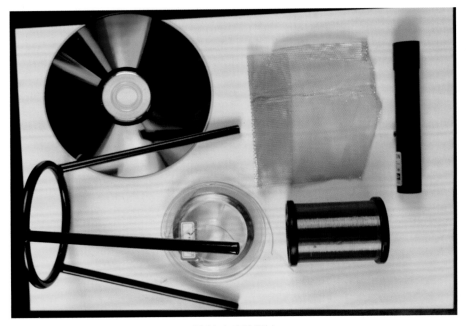

图 21.1 实验器材

 实验过程

　　（1）首先测试激光笔的性能。

　　（2）把两根粗细不同的铜丝横放在铁架台上，并尽量将其拉直。打开激光笔，用激光分别照射两根铜丝，如图 21.2 所示。观察前方墙上的图案（见图 21.3），将其记为系列 A。我们使用的粗铜丝的直径为 1 毫米，细铜丝的直径为 50 微米，也可以用头发替代细铜丝。

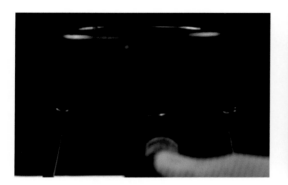

图 21.2 用激光照射铜丝

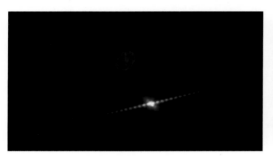
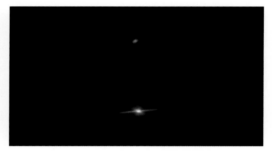

图 21.3 铜丝的衍射图案，其中左图为粗铜丝的衍射图案，右图为细铜丝的衍射图案

（3）将铜丝换成铁丝网继续实验，用激光笔照射铁丝网（见图 21.4），观察前方墙上的图案。转动铁丝网，观察图案的变化，将其记为系列 B。

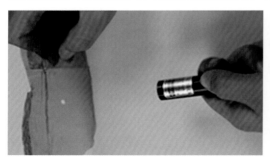
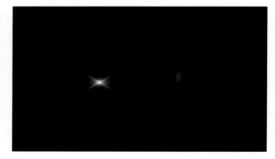

图 21.4 铁丝网的衍射图案

（4）撤掉铁架台，将一张光盘放在桌面上，用激光笔大角度掠射光盘，观察前方墙上的图案，如图 21.5 所示。转动光盘，观察图案的变化，将其记为系列 C。

图 21.5 激光掠过光盘后的干涉图案

📖 实验原理

无论是系列 A、系列 B 还是系列 C，所得到的图案都有一个重要的共同点——明暗相间的条纹！只不过系列 A 只是一条明暗相间的线，经铁丝网形成的系列 B 是多条明暗相间的线，而经光盘的反射形成的系列 C 则是一系列明暗相间的线。铁丝网的网眼越小，铜丝越细，那么衍射条纹中明暗部分的间隔就会越大。

这个实验体现了光的波动性。系列 A、B 反映了光的衍射现象，即光在传播过程中遇到障碍物或小孔时，将偏离直线传播而绕到障碍物的后面，或扩散到小孔周围更大的区域。如果将障碍物换成铁丝网，我们将看到多个方向上明暗相间的更复杂的图案，这个图案就是周期性微结构对光进行调制的结果。而系列 C 的图案与系列 A、B 不同，这个实验体现的是光的干涉现象。光盘上有很多微型坑道，如果用激光照射，就会因为坑道而产生干涉现象，形成漂亮的干涉图案。

拓展知识

　　光的本质究竟是什么？这个问题曾引起了极大的争议。许多年前，有关光的本质的讨论大致分为两派。其中，以牛顿为首的一派提出了"粒子说"，认为光是一个个具有动量的粒子；以惠更斯为首的另一派提出了"波动说"，认为光的本质是机械波。后来，托马斯·杨创造性地利用两条狭缝完成了光的双缝干涉实验，为光的波动性提供了直接证据。这里在小孔、细铜丝等各种条件下完成的光的衍射实验同样是对光的波动性的验证。

　　但是，20世纪初，光电效应的发现使"粒子说"重新引起了人们的兴趣。普朗克、爱因斯坦等物理学家创造性地提出了"光量子"的概念，重新从粒子的角度考虑光的本质，解释了光电效应的原理。爱因斯坦因此获得诺贝尔物理学奖。但是，这里的光量子早已不是牛顿时代的粒子了。所以，光既不是粒子也不是波，而是具有波粒二象性，即波动性和粒子性的统一。

22

消失的树叶

孩子们最善于感知外部世界，充满好奇心的小朋友第二喜欢做的事情是自己动手发明创造，而第一喜欢做的事情要数听故事了。在本实验开始前，我们首先分享一个关于旅行青蛙的故事。

从前，有一只叫小呱的小青蛙，它和其他的小青蛙可不一样。独一无二的小呱平时喜欢在家里读书、做手工、吃东西、写日记，日子过得非常充实。而日记的主题在大多数时候都是一样的，那就是记录它每次出门旅行的奇遇。小呱每次出门必旅行，而且每次旅行都会带着主人为它准备的便当和护身符，另外还有一两种旅行中使用的物品（比如帐篷、灯笼、木碗等）。

一天，万里无云，艳阳高照。小呱在空无一人的公路上独自前行，灼热的阳光把它的整个小身体晒得都要熔化了，它只好撑起树叶伞遮阳。可是，太阳一点也没有收敛自己的热情的意思，小呱被晒得快要昏过去了。就在这时，小呱的眼前出现了一片粼粼波光，原来这里有一个大烧杯形状的池塘！池塘里的水既清澈又凉爽，小呱的心中乐开了花。天无绝人之路，在酷热的夏天发现这个池塘，简直太幸福了！于是，它迫不及待地跳了进去。可是，随着扑通一声，小呱竟然慢慢消失了！小呱去哪儿了？难道池塘里有妖怪吗？

虽然小呱消失了，但是作为背景的路没有消失。这是怎么回事呢？焦急的主人恳请我们帮他找到小呱。我们请科学达人做了一个模拟实验，希望弄清楚小呱是怎么失踪的。一起来看看吧！

实验器材

塑封袋、A4 打印纸、油性笔、烧杯、水，如图 22.1 所示。

图 22.1 实验器材

实验过程

（1）从 A4 打印纸上剪下一小块，它至少要比塑封袋小一点。然后用油性笔在塑封袋上画一根树干，如图 22.2 所示。

（2）在打印纸上画上一簇绿色的树叶，如图 22.2 所示。为了保证实验效果，树干和树叶的接合处要对齐。注意，这是本次实验的关键所在。

（3）把组合好的树垂直向下缓缓地放进几乎盛满水的烧杯里，如图 22.3 所示。观察将发生什么现象。

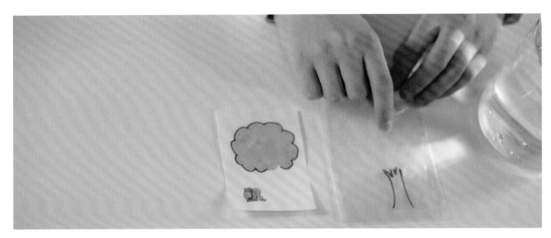

图 22.2 画树干和树叶

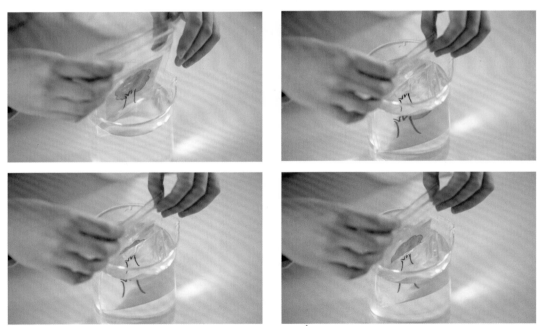

图 22.3 把树放进水里

（4）我们发现树叶神秘地消失了，如图 22.4 所示。

图 22.4 树叶消失了

📖 实验原理

这些树叶并没有真的消失，而是我们从某个角度不能看到它们而已。事实上，如果从侧面观察这个烧杯的话，那么就可以看到这棵完整的树（由于水的折射而形成的虚像）。树叶消失的原因是水的折射率所导致的光的全反射！小呱也正是由于这个原因而被水"藏"了起来。

拓展知识

　　下面通过光路图，可以很好地理解树叶为什么会消失。如图22.5所示，浅蓝色区域代表水，左侧的黑色方框代表塑封袋，绿色长方形代表树叶，而绿色长方形右侧的白色区域代表塑封袋里的空气。别看空气不多，可它的作用一点也不小！

　　我们首先看树叶所反射的光线（见图22.5中的蓝色线段）。如果我们想要看见树叶，那么就必须看到由塑封袋里面的纸反射出来的光线，但是由于中间混入了一点空气，这束光线就会在塑封袋与水的界面上发生折射，改变传播方向。光线从空气中向水中入射时，折射角比入射角小，而从水中射向空气中时，折射角比入射角大。随着入射角增大，折射角也变大，但折射角变大不是没有限度的！折射角的极限是90度，也就是折射光线位于水平方向。当入射角超过90度后，没有光线可以从水中射出，而是被全部反射回到水中。这个过程叫作全反射。在这个实验中，树叶反射的光射向水面时又被完全反射了回去！与树叶相比，塑封袋反射的光（如图22.5中的黑色线段所示）少经历了一次折射，所以它可以从水面射出，进而被我们的眼睛所捕获。这就是我们可以看到树干而看不见树叶的原因。

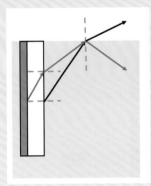

图22.5 光路图

　　如果我们改变视角，那么光路的位置就会发生变化。总存在一个角度，使得从纸上反射的光不会在水和空气的界面上发生全发射。你理解了吗？

　　其实，这个故事还有个结尾，享受够了池塘带来的清爽，小呱满意地浮出水面。这时，两眼急得通红的主人一把将小呱捧在手心，不知就里的小呱开心地和主人一起回家了。它知道主人的奇遇之后可能也会把这个有趣的现象记录在它的日记里吧。

最后，小呱为主人留下了几个问题：你观察过盛满水的碗里的筷子吗？为什么渔夫在叉鱼时都要用鱼叉瞄准鱼的后方？游泳池里的水为什么永远比看到的深？你真的理解折射定律吗？

23

可见的光路

　　冬日的夜晚总是伴随着重重迷雾，在每一条马路旁，路灯总是执着地站在寒风里，用朦胧的灯光照亮夜行人回家的路。然而，在下雪的夜晚，路灯发出的光竟然不是圆形的光晕，而是像六芒星一样神奇地闪烁着光芒。这是为什么呢？其实，这种现象可以用丁达尔效应来解释。在物理、化学等诸多学科当中，丁达尔效应是最贴近生活也最容易理解的原理了。在日常生活中，丁达尔效应到处可见，如夜晚浓雾中的路灯、清晨树林里的光柱，甚至汽车前方的黄色雾灯。你会发现这些现象都与光的传播有着密切的联系。在本实验中，我们将借助一些简单的道具，用肉眼一睹光线的真面目。

实验器材

激光笔、大烧杯、小烧杯、牛奶、水，如图 23.1 所示。

图 23.1 实验器材

实验过程

（1）在干净的大烧杯中装入足够多的纯净水，然后用激光笔从侧面照射。当水足够纯净时，我们无法看到任何东西，只能在激光笔入射的方向上看到两个光点，如图 23.2 所示。注意，不要正对着激光看，以免眼睛受到伤害。

（2）在小烧杯中倒入牛奶，然后向大烧杯中加入适量的牛奶，并充分搅拌，如图 23.3 所示。注意，往大烧杯中添加的牛奶不能太少，仅加入几滴牛奶时无法达到实验目的，但加入的牛奶也不能太多，以免影响实验效果。这里以添加牛奶后保持半透明为宜。

（3）再次用激光笔从侧面照射加入牛奶后的溶液，这时溶液中出现了清晰连贯的红色光路，如图 23.4 所示。

图 23.2 用激光笔照射纯净水

图 23.3 加入少量牛奶并搅拌均匀

图 23.4 光路清晰可见

实验原理

　　牛奶富含蛋白质，蛋白质分子的结构链普遍较长，分子量较大，因此溶质粒子的尺寸也普遍较大，能够达到纳米数量级以上。胶体是一种比较均匀的混合分散体，溶质粒子的尺寸为 1~100 纳米。加入少量牛奶的水溶液就是一种胶体。当一束光线透过这样的胶体时，从入射光方向可以观察到胶体里会出现一条明亮的光路。这种现象叫作丁达尔效应。在本实验中，牛奶溶液里所呈现的光路正是由此而形成的。丁达尔效应的根本原因在于光的散射。当光照射到粒子上时，入射光的波长和粒子的尺寸之间的大小关系会导致光产生不同的行为。如果粒子的尺寸远大于入射光的波长，则会发生光的反射（就像把光照射到一面镜子上）；如果粒子的尺寸小于入射光的波长，则会发生光的散射，这时能够观察到光波环绕微粒向四周散射。可见光的波长为 400~700 纳米，与胶体溶质分子的大小相当，因此，可见光透过胶体时会产生明显的散射现象。实验中所用的亮度高、相干性强的激光更是如此。这就是这条光路产生的原因。图 23.5 展示了森林中的丁达尔效应。

图 23.5 森林中的丁达尔效应

拓展知识

　　通过这个实验，你是否对光的散射和丁达尔效应有了更深刻的理解？尝试回答下面这两个看似不相关的问题：为什么天空是蓝色的，为什么汽车的雾灯是黄色的？

　　其实，这两个问题都与光的散射有关。太阳发出的白光包含红、橙、黄、绿、蓝、靛、紫等七种颜色的光。其中，蓝色、紫色等波长较短的光容易被散射，而红色、橙色、黄色等波长较长的光不容易被散射。阳光通过大气层时，空气分子散射了部分阳光，其中蓝色和紫色的光容易被散射，从而将大气层"照亮"成蓝色。在大雾弥漫的天气，橙黄色的光传播得更远，发出橙黄色光的汽车更容易被看到。这能够有效降低发生交通事故的概率。但是，为什么不使用更难散射的红光作为雾灯呢？这很可能是因为它们容易与红绿灯发出的红光混淆，从而引发交通事故。

24

奇妙的偏振光

　　科学有时和魔法很像，不懂科学原理的人看到一些现象时就像被施了魔法，了解其中奥秘的人也常常感慨世界真奇妙。比如说，不论你的视力有多好，观看一场 3D 电影时，如果缺少一副 3D 眼镜，整个世界就都是 "重影"，你仿佛得了重度散光似的。但是，一旦带上神奇的 3D 眼镜，你就像来到了新世界，银幕上的图像通过 3D 眼镜就变得立体了。这种眼镜其实就是偏振片。

　　光是一种横波，而横波区别于纵波的一个最明显的标志就是它具有偏振性，即振动方向相对于传播方向不对称。自然光包含各个方向的偏振光，但两束偏振方向相互垂直的光不能透过彼此。显然，一束自然光也无法通过偏振方向互相垂直的两个偏振片。这是因为一旦光的偏振方向与偏振片的偏振方向形成严格的 90 度，光强在这个方向上的分量就为 0。怎么让一束光穿过两个偏振方向互相垂直的偏振片呢？其实，换个思路，这个问题就迎刃而解了！那就是改变光的偏振方向。当我们在两个偏振片中间插入一个新的偏振片后，原本不能透过的光就会变得不一样了。这个过程理解起来有些复杂，下面我们做一个关于偏振片的小实验吧！

实验器材

偏振片（至少3个）、手电筒和屏幕（图中未显示，可用平整的墙壁代替），如图24.1所示。

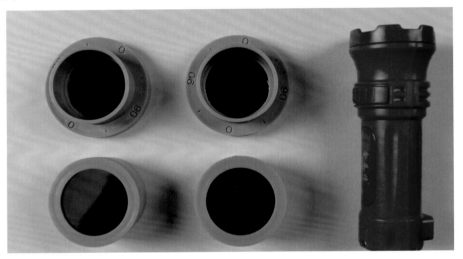

图 24.1 实验器材

实验过程

（1）调整好两个偏振片和手电筒的位置，确保整个光路中的偏振片和光源处于同一条直线上，如图24.2所示。

（2）打开手电筒，调节光路，一般情况下可以在屏幕上看到一个清晰的光斑。这时转动其中的一个偏振片，观察光斑的变化。转动偏振片时，光斑会忽明忽暗地变化，如图24.3所示。光斑的亮度取决于两个偏振片偏振方向的夹角。如果一开始没有看到光斑，那么就说明你很幸运，两个偏振片的偏振方向恰好互相垂直。

图 24.2 偏振片和光源的摆放位置

图 24.3 转动靠近屏幕的偏振片，观察光斑亮度的变化

（3）将靠近屏幕的偏振片转动一定角度，使得屏幕上的光斑完全消失。为了得到更好的实验效果，可以关灯进行实验，光斑的明暗变化会更加明显。注意，当所用光源为手电筒时，由于其发出的光并非平行光，光束的发散总会在屏幕上留下一些微弱的光。

（4）如图 24.4 所示，调整第三个偏振片的偏振方向，使之与其中一个偏振片的偏振方向成 45 度角。调整完成后，将第三个偏振片放入原来的两个偏振片的中间，观察光斑的变化。

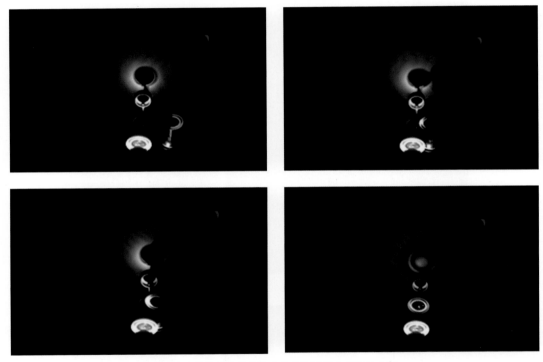

图 24.4 将第三个偏振片放入原来的两个偏振片之间

（5）如图 24.5 所示，转动第三个偏振片，再次观察光斑的变化。

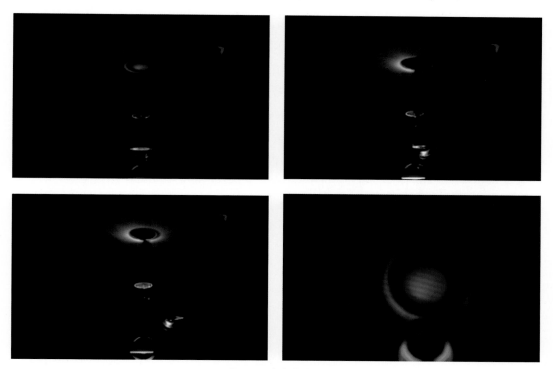

图 24.5 光斑的变化

📖 实验原理

当我们把调整好偏振方向的第三个偏振片插入原来的两个偏振片中间时，屏幕上消失的光斑竟然神奇地出现了，而且亮度很高！当我们旋转第三个偏振片时，又会发现光斑忽明忽暗。如果我们以相同的速度旋转它的话，明暗交替变化的频率明显高于只有两个偏振片时的情况。这又是怎么回事呢？

为方便起见，我们把三个偏振片分别命名为 A、B、C。假设偏振片 A 相对于水平方向的偏振方向为 0 度，偏振片 C 的偏振方向为 90 度，位于中间的偏振片 B 与偏振片 A、C

均保持 45 度角，那么经过偏振片 A 后的光的量子态可以写为 $|\uparrow\rangle$，该方向的光不能通过方向为 $|\rightarrow\rangle$ 的偏振片 C。但加入了偏振方向为 45 度的偏振片 B 后，我们可以将 $|\uparrow\rangle$ 分解为 $|\nearrow\rangle$ 和 $|\nwarrow\rangle$ 的叠加，能量均为原来的一半。后来，方向为 $|\nwarrow\rangle$ 的光被偏振片 B 过滤了，而方向为 $|\nearrow\rangle$ 的光完全通过了偏振片 B，这部分光又可以按照上述方法分解为 $|\uparrow\rangle$ 和 $|\rightarrow\rangle$ 的叠加，能量依然均为原来的一半。这时方向为 $|\uparrow\rangle$ 的光被过滤了，而方向为 $|\rightarrow\rangle$ 的光通过了偏振片 C。由于光子数正比于振幅的平方，因此，在原本没有一点光透过去的光路中增加了一个 45 度的偏振片后，有四分之一的光子通过了这个系统。从另一个角度来讲，当我们在两个偏振片的中间插入了一个偏振方向不一样的偏振片以后，相邻两个偏振片的偏振方向的夹角不再是 90 度。因此，按照先前的算法，光强在新的方向上总会有一个分量，即使再小也不会是 0，所以就有光可以通过。

 拓展知识

　　最后来说说开头提到的 3D 电影的原理。在拍摄时，用两部摄像机像人眼那样从两个不同的方向同时进行拍摄。在放映时，两部放映机同步放映用两部摄像机拍摄的两组影像，将略有差异的两组图像重叠在银幕上。每架放映机前装有一个偏振片，两部放映机产生的两束偏振光的偏振方向互相垂直。观众戴着两个镜片的偏振方向互相垂直的偏振眼镜观看，每只眼睛只看到相应的偏振光的图像，即左眼只能看到左边的放映机放出的画面，右眼只能看到右边的放映机放出的画面。这样就产生了立体感觉。

25

弯曲的激光

　　大家应该都看过或者亲身经历过这样的场景：排队时看准前面的人，我们总是可以站成整齐的一排；在太阳的映照下，影子总是忠实地跟随在我们的身边；一旦在瞄准镜中锁定了目标，每一发子弹射出之后，猎物就会应声而倒。在这些场景里，光都像一只溜得飞快的蚂蚁沿着绷直的钢丝耍杂技。这也引出了几何光学中一条至关重要的定律——光沿直线传播。正如"可见的光路"实验中介绍的那样，通过一杯滴加有牛奶的水，我们可以轻易地看到光在介质中沿直线传播。但是，在任何情况下，光都是沿直线传播吗？实际上，就像唐僧在去西天取经的道路上经历了九九八十一难一样，光的传播也可能遇到各种不同的情况。爱因斯坦的广义相对论认为，光在强引力场中会偏折，时空的弯曲会体现在光的偏折上。比如，在黑洞附近，光子即使以光速运动也无法逃脱出去，还是得像兔子一样被乖乖地抓回笼子里。除此之外，一些光学上的小把戏也会打破光沿直线传播的规律。今天的小实验正是"调皮"的折射率跟我们做的一场小游戏。它让激光的传播发生了偏折，是不是很有意思？一起来看看吧！

实验器材

玻璃缸、冰糖、激光笔，如图 25.1 所示。

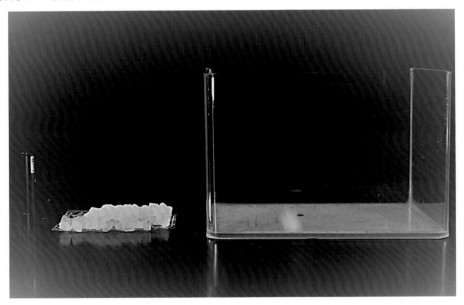

图 25.1 实验器材

实验过程

（1）在玻璃缸中装入适量的水（水既不能太少也不要太多），然后将装好水的玻璃缸放在一个平整的地方，比如桌子上。在玻璃缸中放入冰糖，让其均匀地铺满玻璃缸的底部，如图 25.2 所示。

（2）在放入的冰糖尚未融化时，用激光笔从玻璃缸的一侧水平射入一束激光，如图 25.3 所示。观察此时激光的表现。

（3）这个实验的第三步是整个实验中最简单的一步，那就是等待。直到冰糖完全融化在水中以后，才可以进行下一步操作。等待的时间大约为两小时，你可以在此期间做些别的事情，但是在冰糖融化的过程中，一定不要移动玻璃缸。

图 25.2 向玻璃缸里放入冰糖

图 25.3 激光沿直线传播

（4）当冰糖完全融化在水里之后，用激光笔从玻璃缸的一侧水平射入一束激光，实验效果如图 25.4 所示。

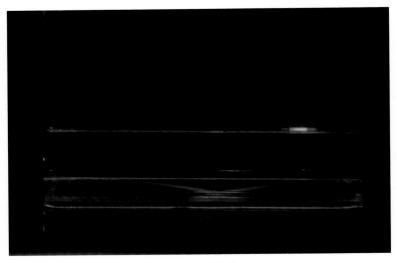

图 25.4 弯曲的激光

📖 实验原理

等冰糖完全溶解后，我们发现从玻璃缸的一侧水平射入的那束激光并没有像我们预期的那样沿直线传播，而是逐渐向下弯曲，最终在玻璃缸的底部产生反射，然后以一定的弧度继续传播。从整体来看，激光竟然真的走了一条弯曲的路线！对比两次实验，它们的区别只是第二次在水中放入了一些冰糖，并没有做其他处理。难道小小的冰糖具有足以使激光弯折的力量？

这个实验的奥秘就隐藏在那一块块小小的冰糖里。将冰糖放入玻璃缸底部以后，冰糖就会逐渐在水中溶解，然后慢慢向上扩散。所以，玻璃缸内冰糖浓度最高的部分位于底部，而冰糖浓度最低的部分位于水面。也就是说，冰糖的浓度从下往上逐渐降低。在冰糖浓度越大的地方，光传播的速度就越慢，折射率也就越大。光的传播路线不再保持直线的原因是水中冰糖的浓度不均匀，从而导致不同深度具有不同的折射率。简单地说，我们可以将弯曲的光路视为光线在折射率逐渐变大的介质中向前传播时折射角逐渐变小的过程。

 拓展知识

　　你知道神奇的海市蜃楼是怎么形成的吗？如果我们把这个实验的场景换成空旷的自然环境，就会形成海市蜃楼的奇异景象。在特定的自然条件下，由于不同高度的空气的温度存在差异，光在其中是沿曲线传播的，所以，人们可以从海的一边看到另一边的景象，仿佛那些东西真的出现在海平面上。

26

水光纤

在《星球大战》中，绝地武士绝对可以称得上最酷的角色之一。他们身披长袍，手持光剑，维护着银河系的和平。光剑作为他们的拿手武器，收放自如，威力无穷。不过，想要激怒星战粉丝，只需三个字就够了，那就是"激光剑"！光剑的威力源于等离子体，而等离子体可以切割绝大多数金属。而激光也是一种高能量光源，在日常生活中的应用很常见。可是，你能否想到使激光弯曲的方法呢？

实验器材

激光笔、矿泉水瓶、吸管、牛奶、剪刀、锥子、烧杯、滴管，如图 26.1 所示。

图 26.1 实验器材

实验过程

（1）用锥子在瓶身的一侧扎一个洞，然后将吸管塞进洞中，并用剪刀剪去吸管多余的部分，使瓶子内外吸管的长度保持 1 厘米左右，如图 26.2 所示。扎洞时，注意洞口不可扎得过大，避免将吸管塞入后还有空隙。吸管应紧紧地卡在洞中。洞口的位置应在瓶身的中下部，尽量选取瓶身上平整的部位。

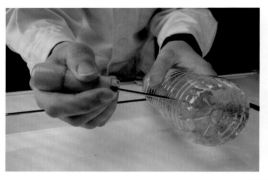

图 26.2　在瓶身上插入一截吸管

（2）用手堵住洞口，向瓶中加水，直至几乎加满，然后向瓶中加入几滴牛奶。这个过程完成之后，拧紧瓶盖，将瓶子竖直放好，吸管与瓶身接触的地方不应有液体漏出。将瓶中的液体摇晃均匀，以便于在后续实验步骤中看到光路。

（3）从与吸管相对的一侧靠近瓶身，打开激光笔，用激光对准瓶内的吸管，确保激光的传播方向与吸管的方向一致。如果可以固定激光笔，则效果更佳。

（4）拧开瓶盖后，瓶中的液体会立刻从吸管中喷出，形成向下弯曲的水柱。此时，观察激光在水中的传播方向，如图 26.3 所示。

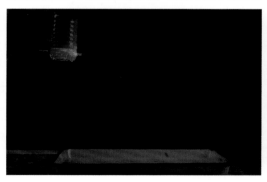

图 26.3　激光在水中的传播方向

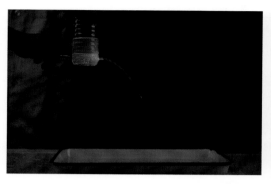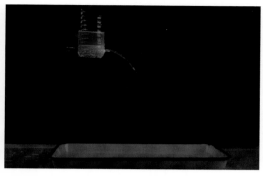

图 26.3 激光在水中的传播方向（续）

 实验原理

激光竟然真的弯曲了！液体从吸管中喷射出来之后，由于受重力的作用而沿抛物线路径向前下方流动。这一点十分容易理解，但激光竟然也沿着水流的方向传播，将水流映成了红色，好像激光完全被锁在了水流之内。

这个实验最早出自 19 世纪英国物理学家丁达尔之手。他在装满水的水桶上钻了一个孔，再用灯把这桶水照亮，结果令人大吃一惊。随着水的流出，光线被完全禁锢在了水中，和我们在这个实验中看到的现象一样。

这个实验是丁达尔为证明光的全反射而设计的。由于水的密度比空气大，一束光从空气中射入水中时会发生折射，入射角和折射角的关系符合 $\sin i / \sin r = n_2 / n_1$，如图 26.4 所示。因此，当光线从光疏介质（折射率较小的介质）射向光密介质（折射率较大的介质）时，折射角小于入射角；当入射角相同时，介质的折射率越高，折射角越小。

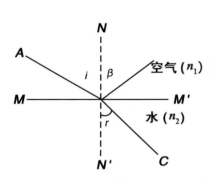

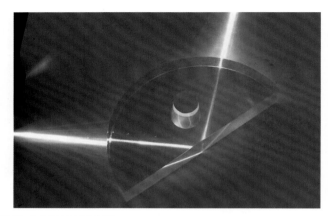

图 26.4 光的折射示意图

现在考虑一束激光从光密介质射向光疏介质的情况。当入射角足够大时，没有任何光从光密介质中射出，而是在界面上被反射回去。这就叫光的全反射。

在这个实验中，当水流弯曲时，激光由水中射向空气中，但由于入射角过大，产生了全反射现象，因此，激光就好像被禁锢在了水中一样，无法从水中射到空气中，从而跟随水流弯曲，如图 26.5 所示。

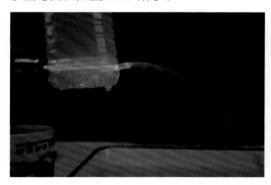

图 26.5 细节展示

拓展知识

　　这个实验令你想到了什么？光纤。

　　光导纤维，简称光纤，它是信息技术发展的重要物质基础。光纤有很多种，但无论是石英、玻璃还是聚合物、塑料纤维，其本质都是光密介质。光在光密介质中传输时，在光密介质和光疏介质的界面上会发生全反射，没有光从光纤中"跑出去"，因此，光的传播方向会随着光纤的弯曲而弯曲。目前，光纤已经实现工业化制造，在日常生活中有着广泛的应用。香港中文大学的高锟先生从理论上分析并证明了用光纤作为传输媒介实现光通信的可能性，并预言了制造通信用的超低耗光纤的可能性。他为人类社会的进步做出了极大的贡献，获得了 2009 年诺贝尔物理学奖，被誉为"光纤之父"。

27

火龙卷

　　龙卷风是一种破坏力极强的极端天气现象。龙卷风的正式定义为发生于直展云系底部和下垫面之间的直立空管状旋转气流，是一类局地尺度的剧烈天气现象。龙卷风可见于热带和温带地区，所到之处一片狼藉，每年造成的经济损失惨重。龙卷风可以分为多旋涡龙卷、陆龙卷、水龙卷等。事实上，火龙卷也时常出现在工厂火灾、森林火灾和火山喷发中。在实验室中模拟火龙卷并非难事，我们可以通过一些小妙招来制造飞舞的火龙卷。

实验器材

切成两半的亚克力圆筒（直径在 10 厘米左右，至少比蜡烛大一整圈）、一截蜡烛、点火枪、搪瓷托盘、烧杯和水，如图 27.1 所示。

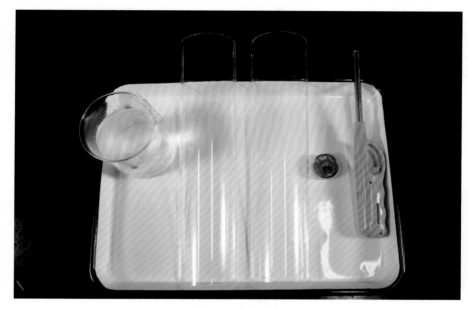

图 27.1 实验器材

实验过程

（1）将蜡烛放在搪瓷托盘中央，然后在烛芯附近加满酒精，如图 27.2 所示。注意，该实验尽量在没有风的室内完成。

（2）用点火枪将蜡烛点燃。点燃后，我们将会看到较小的火焰。由于实验室内没有风，火焰没有出现摇

图 27.2 加注酒精的蜡烛

摆和旋转现象，如图 27.3 所示。

（3）把两块亚克力半圆筒罩在蜡烛的周围，使蜡烛恰好位于圆筒的圆心处。放置好后，使两块半圆筒相互错开一点，观测火焰的燃烧情况。

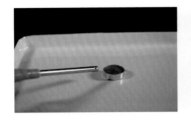
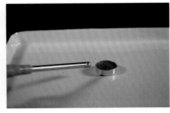

图 27.3 用点火枪点燃蜡烛

当两块半圆筒相互错开一些时，我们就能看到火龙卷了。此时，亚克力圆筒内的火势突然变大并快速旋转，如图 27.4 所示。通过俯视图，我们可以进一步观察火焰的旋转情况，如图 27.5 所示。

图 27.4 火龙卷的侧视图　　　　　　　图 27.5 火龙卷的俯视图

📖 实验原理

为什么原本在空气中安静燃烧的火焰一旦被两块亚克力半圆筒罩住就会突然飞舞起来呢？为什么不能用完整的亚克力圆筒，而是一定要用两块相互错开的半圆筒呢？

其实，无论是自然界中山火形成的火龙卷还是本实验模拟的火龙卷，它们的形成原理是相同的。火焰产生的热空气迅速上升，周围的冷空气迅速涌入，冷、热空气对流，形成速度极快的旋涡。在本实验中，当两个半圆筒稍稍错开时，周围的冷空气会沿着筒壁以旋转运动的方式进入，形成旋涡。此外，实验效果也和在烛芯附近添加酒精有关。酒精不但易燃，而且易挥发，旋涡的出现加快了酒精的挥发，使火焰越来越大，越蹿越高，从而产生更大的热对流，进而形成更加壮观和危险的火龙卷。

 拓展知识

大自然中会出现一些破坏性极强的极端天气现象，我们既感到恐惧又会有点好奇。其中，龙卷风肯定吸引过你的注意。如果在安全范围内观测龙卷风，我们就会注意到龙卷风始终呈高速旋转状态。这与其他流体形成的旋涡相似。你知道龙卷风的形成原因吗？

28

点不着的纸

有一句话叫作"纸里包不住火"，比喻事实是掩盖不了的。但是，后来我们才知道这句话并不是在所有情况下都成立。众所周知，纸是一种易燃物质，一点就着。那么，为什么会有点不着的纸呢？接下来，我们就一起来见识一下这种神奇的现象吧。提醒大家，在实验过程中一定要注意安全！

实验器材

酒精、盛水的烧杯、点火枪、餐巾纸、搪瓷托盘、铜丝，如图 28.1 所示。

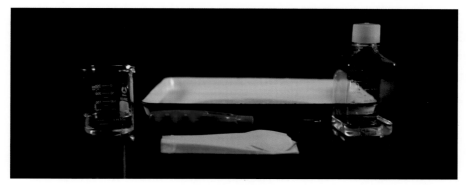

图 28.1 实验器材

 实验过程

（1）将餐巾纸放入搪瓷托盘中，再把水倒在餐巾纸上，将纸巾完全浸湿。

（2）在餐巾纸上倒入适量酒精。

（3）用铜丝挑起纸巾，然后用点火枪将餐巾纸点燃，如图 28.2 所示。我们将会看到火焰熄灭之后，餐巾纸安然无恙。

图 28.2 燃烧的餐巾纸

 **实验原理**

物质燃烧需要三个条件：首先需要可燃物，其次可燃物的温度需要达到燃点，最后还需要助燃剂，其中氧气是最常见的助燃剂。在这个实验中，我们看到的火焰是酒精燃烧时产生的火焰，酒精的燃点低，易于燃烧。餐巾纸也是一种可燃物，但它没有燃烧，这是因为我们事先将它浸湿了，餐巾纸中的水隔绝了氧气。

 拓展知识

在生活中不仅要注意用火安全，还应该多了解一些关于火的常识。在厨房中，锅里的油达到燃点时就会燃烧，这时可以立即用锅盖把锅盖上，这样就隔绝了油和氧气的接触，油就会停止燃烧了。另外，消防中采用的灭火方法也是根据这个原理。常用灭火器中存储的物质是干冰，也就是固体二氧化碳。当发生火灾时，将灭火器对准火源的根部，喷出的干冰会迅速隔绝氧气，从而阻止火势蔓延。

但是，有些物质燃烧时不能用二氧化碳和水来扑灭！例如，油脂燃烧时不能用水扑灭，镁粉燃烧时不能用水和干冰扑灭。你知道这样的特殊物质还有哪些？

29 面粉燃烧

在许多人的童年记忆里，寒夜里的一盘热气腾腾的饺子承载了多少温馨和喜悦。作为中国传统美食，饺子的历史可谓悠久，甚至可以追溯到东汉末年，距今已有上千年时间。饺子长盛不衰的原因不仅在于其憨态可掬的外表、浓香四溢的风味，更重要的是其千姿百态的形状、千奇百怪的馅料以及千变万化的烹饪方式。饺子是中国传统文化的象征，包罗万象，兼收并蓄。但是，在享用美味的饺子时千万别小看饺子皮。它看似简单，却最为关键。饺子皮的主要原料是面粉，有时也会加入淀粉。我们都知道面粉是用小麦磨成的，而用优质小麦进行加工才能获得优质面粉，才能制备优质"炸药"。

炸药？家家户户日常食用的面粉居然可以用来制作炸药？其实，细心的读者会发现大型面粉厂中都有"严禁烟火"的醒目警示，警告大家千万不要在附近使用明火。不少新闻报道过加工过程中产生的粉尘遇明火爆炸的事故。接下来让我们一起揭开面粉遇明火爆炸的秘密吧。

实验器材

玉米淀粉（这里用它来代替面粉）、剪刀、胶带、蜡烛、塑料矿泉水瓶、点火枪、气球打气筒、输液管以及 PVC 薄片，如图 29.1 所示。

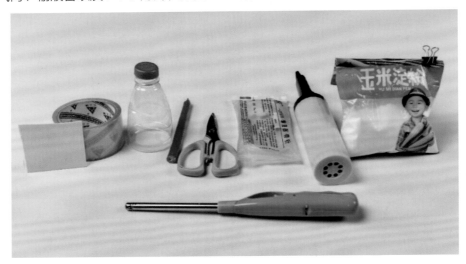

图 29.1 实验器材

警告

粉尘遇到明火时会发生剧烈的爆炸，因此，本实验具有相当大的危险性。请在具备安全防火措施的场所进行实验，并准备好灭火器。在实验过程中，必须有专人负责安全，以防发生火灾事故。不得在家中以及其他没有防火措施的场所进行本实验；没有监护人陪伴时，未成年人不得单独操作。

实验过程

（1）我们需要制作一个简易装置。把矿泉水瓶的上半部分剪下来，取下瓶盖。然后拿起输液管，将其从中间剪开，在实验中只用到它的上半部分。连接输液管和打气筒，并用胶带把它们粘接牢固（见图 29.2），不要漏气。

图 29.2 剪开输液管，连接打气筒

（2）按照图 29.3 所示的方法，用输液管的塑料尖端部分刺穿瓶盖（也可以用其他方式在瓶盖上打孔），一定要保证两者紧密接触，不漏气。从蜡烛的上面剪下一小段，保证烛芯露在外面，再将剪下的蜡烛粘在矿泉水瓶的瓶壁上。现在，实验装置的主体部分已经制作完成了。这是一个开放式装置，可以用来盛装淀粉。

图 29.3 制作容器

（3）按照图 29.4 所示的方法，将矿泉水瓶粘在桌子边上。图中所示蜡烛的长度已经足够，为了保证实验效果，可以截取更长的一段。

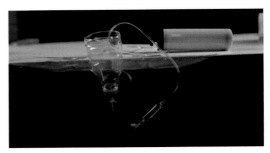

图 29.4 在安全场所安装燃烧容器

（4）这一步轮到我们的主角"能吃的炸药"——玉米淀粉登场了。如图 29.5 所示，把少量玉米淀粉放入实验装置中，并适度搅拌，以保持淀粉呈疏松状态。然后点燃蜡烛。注意，在操作者离开燃烧容器之前，不要从上向下观察该容器，也一定不要推拉打气筒！记住，当一切准备就绪之后，走到距离燃烧容器至少 1 米远的地方再推拉打气筒。此时，你会看到淀粉发生了剧烈的燃烧，升起了一团明亮的火焰，如图 29.6 所示。

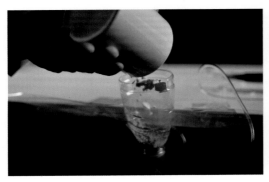

图 29.5 倒入淀粉

图 29.6 燃爆的瞬间

　　在初次实验时，建议用不可燃的 PVC 薄片将燃烧容器的开口部分盖上，避免淀粉在推拉打气筒的过程中被吹得过高而使反应过于剧烈。同时，不要连续推拉打气筒。实验装置损坏时，应立即熄灭蜡烛，停止实验。

📖 实验原理

　　在实验中，我们会看到一团明亮的火焰，这是因为在推拉打气筒的时候，空气被鼓入实验装置中，将其中的淀粉吹了起来。此时淀粉迅速扩散到烛火附近的空气中，在空气中达到了一定的浓度。而空气中的淀粉与氧气的接触面积很大，淀粉会发生剧烈的燃烧，甚至引起爆炸。

　　看到实验中普通的淀粉爆发出了如此强大的威力，是不是突然对身边的这些常见的物质有了敬畏之心呢？在粉尘密集的地方，一定要注意防火，以免引发粉尘爆炸。厨房中经常使用明火，因此，我们在使用淀粉和面粉时，一定要远离明火，避免使淀粉或面粉弥漫在空气中，杜绝发生安全事故。

心形小电机

从一定程度上说，电磁场和爱情非常相像。前者无处不在，但我们既看不见也摸不着，后者令人神往，其中却有着说不清道不明的情愫。在本实验中，我们将电磁学与"爱"巧妙地结合起来，教你用电磁学的方式表达满满的爱意。

实验器材

电池、钕铁硼磁铁（小块）、铜丝（较粗）、剪刀，如图 30.1 所示。

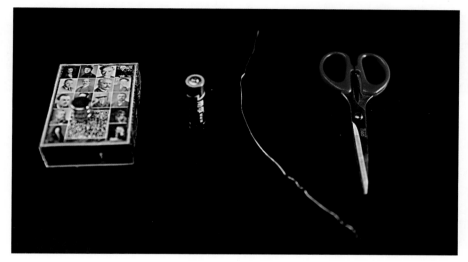

图 30.1 实验器材

实验过程

（1）用磁铁接触电池的负极，使二者互相吸引，如图 30.2 所示。

（2）用剪刀剪下一段铜丝，其长度大约为 15 厘米，用来制作心形小电机。如果你的家里没有铜丝，那么也可以使用漆包线，但是要用刀片刮掉漆包线的绝缘层。

（3）将剪下的铜丝绕成心形，心形铜丝的两边尽量对称，如图 30.3 所示。将心形铜丝的两端绕成环状，以便连接磁铁。

（4）按照图 30.3 所示的方法，将心形铜丝放在电池的正极上，下端连接磁铁。

图 30.2 放置磁铁

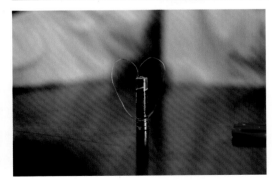

图 30.3 制作心形小电机

（5）我们松开手以后就可以看到心形小电机在电池的驱动下转动起来了。有时，我们会看到心形小电机脱离旋转轨道而倒向一边，这可能是因为制作心形小电机时没有保持左右对称。还有一种情况是心形小电机一动不动，这是因为电路没有导通。你可以想办法把小电机做得更美观一些，也可以做成方形、圆形等不同的形状，将你的心意更准确地表达出去。

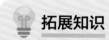 **实验原理**

我们在这个实验中利用了电流的磁效应。在通电状态下，铜丝中存在自上而下（从正极到负极）流动的电流，它处于钕铁硼磁铁的磁场中，将受到安培力的作用。根据左手定则，我们能够判断铜丝的受力方向。这就是直流电动机的工作原理。此外，将铜丝绕成心形相当于在电池两侧加了一个线圈。由于磁铁是圆柱状的，所以它的磁感线是沿圆柱状对称分布的闭合曲线。于是，铜丝会受到磁场的作用。心形小电机的形状越对称，它在磁场中受到的力矩越均衡，那么它转动起来就越平稳。

拓展知识

电动机的工作利用了电流的磁效应，即通电导线在磁场中会受到力的作用，本质上是电与磁的相互作用。关于电与磁的相互作用，还有一种与之相对的物理现象，那就是电磁感应（未通电的导线在磁场中运动时会产生电流）。根据这个原理，我们可以制作出最简单的发电机。电动机与发电机的工作原理相似，共同阐释了电与磁的本质。

31

电池虾，我们走

现在我们的生活越来越离不开电了，家里有电灯、电视机和电脑，出门有电梯和电动汽车，还有非常重要的手机。人们在衣食住行的各个方面都会用到各种各样的电器，可以说现代社会的运转离不开电能。除了将电器接入电网来获得电能之外，许多移动设备都会通过电池来获取电能，大的有汽车上使用的铅酸蓄电池，小的有电子手表中使用的纽扣电池，还有各种锂离子电池。2019年的诺贝尔化学奖就授予了在锂离子电池领域做出突出贡献的古迪纳夫等三位科学家。生活中最常见的电池莫过于5号和7号电池，小朋友们玩的遥控汽车和遥控飞机中都有它们的身影。下面我们就用7号电池来做一个关于电的简单实验。

实验器材

圆形磁铁、7 号电池、铝箔，如图 31.1 所示。

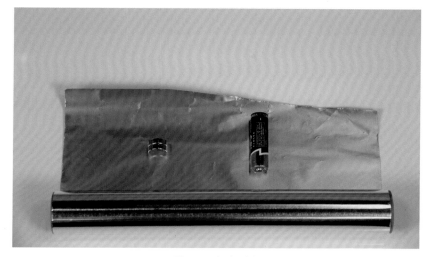

图 31.1 实验器材

实验过程

（1）在水平桌面上铺一层铝箔，铝箔要尽可能平整。

（2）把两块磁铁极性相同的一端分别吸附到电池的两端，调整磁铁，使磁铁和电池同轴。（根据同性相斥、异性相吸，使两块磁铁吸到一起，此时两块磁铁相接触的磁极的极性相反，再将两块磁铁分开，把它们相同的磁极吸附到电池上即可。）

（3）把吸附有磁铁的电池轻轻地平放到铝箔上。我们将会看到电池被放到铝箔上之后竟然可以自己向前运动，如图 31.2 至图 31.4 所示。长时间观察后，我们发现这种运动不会逐渐变缓。如果改变与电池相接触的磁极的极性，再将电池轻轻地放在铝箔上，电池就会向相反的方向运动。

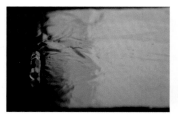

图 31.2 电池的初始位置　　　　图 31.3 电池运动到铝箔中间　　　　图 31.4 电池继续向前运动

 实验原理

　　磁铁周围存在磁场，我们虽然看不见磁场，但磁场是真实存在的。磁场有方向，通常我们会用磁感线来表示磁场的方向。把通电导线放在磁场中时，它会受到安培力的作用。在我们的实验中，电池既充当了电源又充当了导线。在电池内部，电流从负极流向正极。

　　在分析通电导线在磁场中的受力方向时，我们需要用到左手定则。

　　左手定则的具体内容为：伸出左手，使大拇指与其余四指垂直，让磁感线穿过手心（方向为从手心到手背），四指指向导体中电流的方向，此时大拇指的指向即为通电导线运动的方向，如图 31.5 所示。

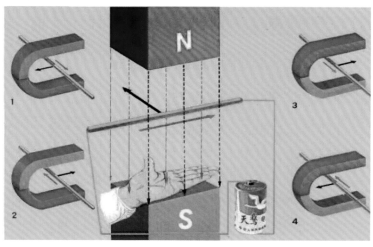

图 31.5 左手定则示意图

接下来我们运用左手定则来分析电池运动的方向。当两块磁铁都以 N 极吸附在电池两端时，在电池的上方，磁感线的方向为自下而上，而在电池的下方，磁感线的方向则为自上而下，如图 31.6 所示。根据左手定则，面对电池的负极来看，电池上方受到向右的安培力，下方受到向左的安培力，这两个力共同作用的结果是电池转动起来并向右运动。当两块磁铁都以 S 极吸附在电池两端时，电池则会向左运动。因为这个使电池运动的力一直存在，所以电池在铝箔上的运动不会逐渐变慢。

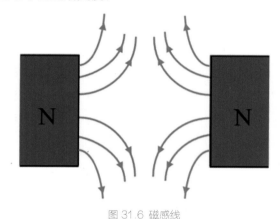

图 31.6 磁感线

32
电磁炮

　　如果你是一个小军事迷，那么你一定对第二次世界大战后几乎各国必备的现代火炮有所耳闻。现代火炮可分为加农炮、迫击炮、榴弹炮等。在本实验中，我们将向大家介绍一种全新的威力无穷的大炮——电磁炮。目前这种武器还处于实验阶段，并未应用在军事上。传统火炮的威力十分巨大，而利用电磁力的电磁炮的威力如何呢？根据美军公开的资料，电磁炮发射的弹丸的初速度可以达到2000米/秒以上，动能超过30兆焦，射程在200千米以上。在本实验中，我们利用小钢珠、强磁铁和铝合金导轨来制作一个简单的电磁炮。真正的电磁炮需利用超导等先进技术，但我们用钕铁硼磁铁和小钢珠制作的电磁炮的威力也不容小觑。

实验器材

铝合金导轨、钕铁硼磁铁、小钢珠、马克杯，如图 32.1 所示。

图 32.1 实验器材

实验过程

（1）把铝合金导轨放在桌面上，将几块钕铁硼磁铁连在一起，其中左端连接 3~4 个小钢珠。连接好之后，将其平稳地放在导轨之中。

（2）把马克杯放在导轨的另一端，用于承接发射的小钢珠。再拿一个小钢珠，将其放置在磁铁的右端，即没有连接小钢珠的一端。注意，弹射有可能造成危险，千万不要趴在导轨前方观看实验。

（3）如图 32.2 所示，缓慢推动右侧的小钢珠，然后保持一定的距离观察实验现象。当最左侧的小钢珠被弹出时，我相信大家一定不敢相信自己的眼睛！怎么可能依靠缓慢滚动的小钢珠将另一个小钢珠飞快地发射出去呢？

图 32.2 从右侧滚动小钢珠时，左侧的小钢珠将被弹出

📖 实验原理

其实，这个实验的原理和市面上十分常见的小玩具牛顿摆（见图 32.3）是相同的。横梁下悬挂着几个质量相同的小钢珠，它们彼此紧密地排成一条直线。拉开最右边的小钢珠，然后将其释放，这个小钢珠将撞击静止的小钢珠，我们发现只有最左边的小钢珠被弹起。我们分别拉起右边的两个、三个甚至四个小钢珠时，左边的两个、三个、四个小钢珠分别被弹起。这个实验验证了一个物理原理——动量守恒。

图 32.3 牛顿摆

在电磁炮实验中，由于磁铁对小钢珠具有强大的吸引力，右边释放的小钢珠越靠近磁铁时，它的速度和加速度越大。在小钢珠撞击磁铁的瞬间，小钢珠的速度很大，因此这个系统将获得很大的动量。和牛顿摆类似，撞击产生的动量会传递到系统的另一端，于是另一端静止的小钢珠就被发射出去了，获得了和右边的小钢珠撞击磁铁时相同的速度。由于右边的小钢珠撞击磁铁的速度很快，所以左边的小钢珠被高速弹出就不足为奇了。

这里其他小钢珠的作用只是用于防止磁铁把左边的小钢珠吸住而无法将其弹出。我们使用铝合金导轨的原因是铝合金是一种常见的材料，没有磁性，不会对实验造成影响。铜合金过于沉重，锡合金过于昂贵，而不锈钢会被磁铁吸引，不适用于本实验。

拓展知识

在实验中，我们可以稍微改变左边的几个小钢珠的位置，让它们的排列不再成一条直线，观察最左边的小钢珠的速度是否还会像刚才一样快。在这种情况下，中间的几个小钢珠会损失一部分动量，使得最左边的小钢珠的速度有所降低。中间的几个小钢珠的排列方式是影响动量损耗的重要因素。

如图 32.4 所示，我们可以把几块磁铁放在 U 形导轨的不同位置，进行多级加速。这时，你会看到更有趣的实验现象。

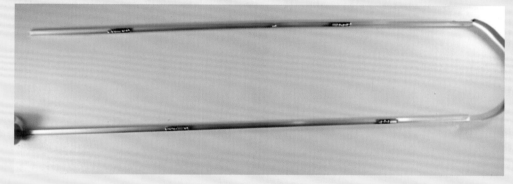

图 32.4 U 形导轨多级加速

33

恋恋薯片筒

小时候拥有一筒薯片意味着你成了一群孩子中的灵魂人物。打开这筒香喷喷的薯片，轻轻地咬上一口，香脆的口感和诱人的味道都是对周围小伙伴们的致命诱惑。当你和小伙伴们分享完了薯片之后，剩下的空筒可千万别扔了！因为这个小小的薯片筒可是本实验的主角呀！

为了能让小伙伴们更好地学习到科学知识，我们将为大家带来一个与薯片筒有关的趣味科学小实验——恋恋薯片筒。这个实验可以让一个离开我们的薯片筒又因为留恋而回到我们的身边。那么，薯片筒的内部究竟隐藏着什么机关，又是如何体现力学原理的呢？

实验器材

薯片筒、橡皮筋、剪刀、胶带、5 号电池和牙签，如图 33.1 所示。

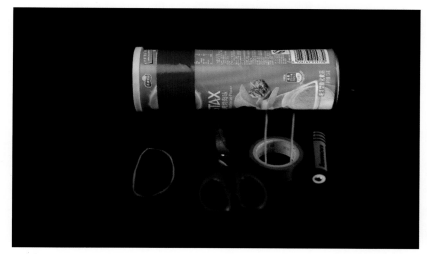

图 33.1 实验器材

实验过程

（1）用剪刀在薯片筒的盖子和底部的中心各戳一个小孔。小孔不需要太大，但尽量位于中心对称位置，如图 33.2 所示。注意，薯片筒的盖子和底部的中心一般有标记。

（2）将橡皮筋束拢后平放在电池上，使橡皮筋的中部与电池的中部对齐，然后用胶带在电池上缠绕一圈，将橡皮筋固定在电池上，如图 33.3 所示。

（3）将电池放入薯片筒中，用牙签将橡皮筋的一端从薯片筒底部的小孔中挑出，然后将牙签穿在拉出来的橡皮筋中并用胶带固定好，如图 33.4 所示。

（4）将手指伸进薯片筒中，把橡皮筋的另一端拉至薯片筒口，然后穿过盖子上的小孔，再在橡皮筋中插入一根牙签，盖好盖子，最后用胶带把牙签固定在盖子上，如图 33.5 所示。

图 33.2 在薯片筒的盖子和底部分别戳一个小孔

图 33.3 固定橡皮筋和电池

图 33.4 用胶带将牙签固定好

图 33.5 用同样的方法把牙签固定在盖子上

（5）对薯片筒完成以上"特殊处理"之后，就可以开始做有趣的实验了。首先，将薯片筒放置在水平台面上并使之静止不动。然后用力推薯片筒，让其向前滚动，注意观察它的运动状态。出人意料的是，这个薯片筒竟然走出了一条神奇的运动轨迹！一开始，它像普通的薯片筒那样向前滚动，但向前运动了一小段距离后，它的速度不断降低，直到不再向前运动。然后它开始沿原路返回，回到刚才出发时的位置，好像对你依依不舍、念念不忘一般。图 33.6 显示了薯片筒在 4 个不同时刻的位置。

图 33.6 薯片筒去而复返

实验原理

当我们向前推动薯片筒的时候，薯片筒就获得了向前运动的动能，开始向前滚动。但薯片筒内悬挂在橡皮筋上的电池处于悬空状态，它并没有受到推力作用。在惯性的作用下，电池倾向于保持静止状态。薯片筒向前滚动，而电池相对于薯片筒静止不动，橡皮筋必然发生扭转，从而储存一定的弹性势能。橡皮筋的扭转同时向薯片筒施加了一个反向作用力，使得薯片筒的滚动速度不断变慢，直至停止下来。这时，橡皮筋存储的弹性势能达到最大并开始释放出来，薯片筒获得了向后运动的加速度并回到原来出发时的位置。

如果不考虑摩擦力和其他阻力，我们可以进一步探索这个系统中能量储存与转化的方式。当薯片筒向前运动时，系统的动能转化为橡皮筋的弹性势能；而当薯片筒停下后，橡皮筋的弹性势能又转化为系统的动能，使薯片筒向后运动。这个系统的动能和橡皮筋的弹性势能的总和保持不变，只是能量在二者之间进行转化。这是物理学中的能量守恒定律的体现。

 拓展知识

在荡秋千（见图 33.7）时，你注意过秋千在什么位置的速度最快，在什么位置的速度最慢？结合实验现象，你能得到正确答案吗？在荡秋千的时候，你和秋千的重力势能与动能不断相互转化。当你和秋千的重力势能最小时，你和秋千的动能最大，运动速度也最快。在这个实验中，薯片筒滚动速度最快的时候就是橡皮筋上的弹性势能完全释放出来的时刻。二者遵循同样的原理。

图 33.7 荡秋千

34

薯片筒空气炮

　　在日常生活中，我们经常用到各种各样的小容器，上至妈妈用的化妆品瓶，下至厨房里的调料罐。这些小容器为我们的生活带来了很大的方便。我们只要开动脑筋，就可以将这些小物件变成各种神奇的小实验所用的小道具。在本实验中，薯片筒将继续发挥神奇的作用。和上一个实验不同的是，我们不需要在薯片筒里面做文章了，而是把薯片筒做成类似大炮的装置。你将发现空气里原来蕴藏着这么大的能量。还不赶快行动起来？

实验器材

薯片筒、剪刀、胶带、气球、点火枪、蜡烛，如图 34.1 所示。

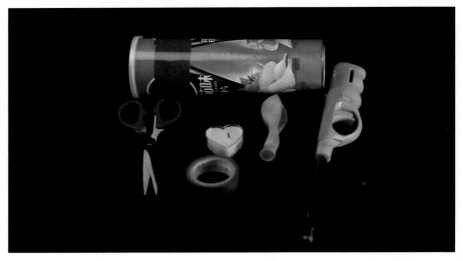

图 34.1 实验器材

 **实验过程**

（1）首先标出薯片筒底部的中心位置，用剪刀在那里戳出一个小孔，如图 34.2 所示。然后以这个小孔为中心向周围扩展，剪出一个较大的洞口作为空气炮的炮口，如图 34.3 所示。注意，薯片筒的底部较硬，因此，应先将其刺穿，这样才便于剪出一个较大的洞。

（2）如图 34.4 所示，取一个较大的气球，将其剪开，然后剪出一个圆形区域，得到一块橡胶膜。注意，若橡胶膜的面积不够大，将其拉伸后就无法罩住薯片筒的开口端。

（3）将剪下的橡胶膜拉开，然后罩在薯片筒的开口端，再用胶带将橡胶膜的边缘粘在薯片筒上，如图 34.5 所示。这样，空气炮就制作完成了，如图 34.6 所示。

（4）用点火枪将蜡烛点燃，然后揪住橡胶膜的中心，将炮口对准蜡烛，松开手，观察实验现象。

（5）有条件的读者还可以进一步尝试，在薯片筒内放入点燃的烟饼或其他能够产生烟雾的物体，再轻轻拉动橡胶膜，观察实验现象。

图 34.2 在薯片筒的底部戳一个小孔

图 34.3 空气炮的炮口

图 34.4 将气球剪开

图 34.5 固定橡胶膜

图 34.6 制作好的空气炮

 **实验原理**

薯片筒和气球能够碰撞出什么火花呢？当我们将空气炮的炮口对准燃烧着的蜡烛时，用手轻轻拉起橡胶膜，然后迅速松手，将看到点燃的蜡烛瞬间就被吹灭了，如图 34.7 所示。心灵手巧的读者还可以对这个实验进行改进。

图 34.7 空气炮吹灭蜡烛的演示

如此说来，别看空气既看不见又摸不着，但是如果你利用一些物理原理，空气中蕴含的能量就会被你巧妙地加以利用！在本实验中，当我们弹拉橡胶膜时，薯片筒内的空气将被快速挤压，于是一股较大的气流就会从筒底的小洞中喷出，将点燃的蜡烛吹灭。如果薯片筒内充满烟雾，那么在弹拉橡胶膜时，炮口就会喷出一个又一个圆形烟圈。聪明的读者，你可以想一想，如果空气炮的炮口不是圆形，而是方形、三角形甚至不规则的形状，那么我们弹拉橡胶膜时喷出的烟圈还会是圆形的吗？

 拓展知识

家里进行装修时，我们常常看到工人使用一种"神器"——射钉枪。它的工作原理是通过阀门和开关的控制，将枪内储存的高压空气释放出来，钉子在高压空气的作用下就被深深地钉在木头里了。在日常生活中，你还可以在哪里感受到空气的能量呢？

35
剪胀效应

在炎热的夏天，去海边吹吹海风，在海滩上走一走，是最惬意不过的事情了。当你在海滩上散步时，会在走过的地方留下一串脚印。那么，你是否发现，当你踩到沙子上时，附近的沙子似乎变干了，原来沙滩上的很多水反而消失了。这与我们的经验完全不符。原来这种常见现象的背后竟然隐藏着一个秘密——剪胀效应。

什么是剪胀效应？它为什么这么奇怪呢？没有这种体验的同学也不要着急，做完下面这个小实验，你就会知道了。

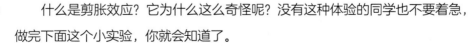

 **实验器材**

塑料管、沙子、水、吹气球（或者软的塑料瓶）、勺子、胶带，如图 35.1 所示。

图 35.1 实验器材

 **实验过程**

（1）用勺子将沙子装入吹气球中，如图 35.2 所示。注意，装入的沙子不要太满。

（2）装好沙子后，再往吹气球中倒入适量的水，如图 35.3 所示。如果用塑料瓶作为容器，那么一定要盖上瓶盖。为了让水完全渗入沙子，可将其静置一段时间。

（3）将一根两端开口的透明塑料管缓慢地插入沙子中，如图 35.4 所示。然后，用胶带将塑料管固定好，如图 35.5 所示。

（4）再向塑料管中加少量的水，使管中的水位清晰可见。然后迅速用力挤压吹气球，仔细观察塑料管中的水位的变化。

图 35.2 将沙子装入吹气球中

图 35.3 向吹气球中加水

图 35.4 将塑料管插入沙子中

图 35.5 用胶带固定塑料管

实验原理

　　当用力挤压吹气球里的沙子时，你会发现塑料管中的水位不仅没有上升，反而下降了，如图 35.6 和图 35.7 所示。一般来说，用手挤压容器时，容器的容积会变小，从而导致水位上升。为什么这个实验里塑料管中的水位下降了呢？

图 35.6 挤压前的水位   图 35.7 挤压后的水位

在材料力学与地质运动中有一种很常见的效应，即剪胀效应。它可以表述为：无序密堆体系受到一定的剪切应力时，该体系的体积会有一定的膨胀。在颗粒的无序密堆状态已经达到总体颗粒的最密堆状态时，这个体系体积最小。此时，若再给这个体系一定的外力作用，则它的积总就会变大。

这个实验中的颗粒是沙子，而沙子是刚性颗粒，这就意味着每个颗粒的体积不会变化，所以在体系的总体体积增大时，颗粒的间隙会增大，而增大的间隙将由水来填充，这样就会产生吸水效果。

 拓展知识

上面的实验展示的是宏观现象。从微观层面来看，组成物质的基本粒子的排列方式对物质的特性有很大的影响。图 35.8 所示分别为单晶、多晶和非晶体。单晶的分子（或原子）排列有一定的规律，并且具有周期性。多晶的微观结构在较小的范围内具有一定的规律，类似单晶，在更大的范围内却是杂乱无章的。而非晶体则完全没有规律，其分子的排列杂乱无章。

晶体和非晶体在很多性质上都有显著的差异。例如，进行加热时，随着温度升高，物质的形态会发生变化。晶体转变为液态时存在一个临界温度，即熔点。晶体的温度在熔化过程中保持不变，只有完全熔化后，温度才会上升。而非晶体在加热过程中会逐渐熔化，没有温度不变的平台区。此外，晶体还具有各向异性等与非晶体不同的性质。

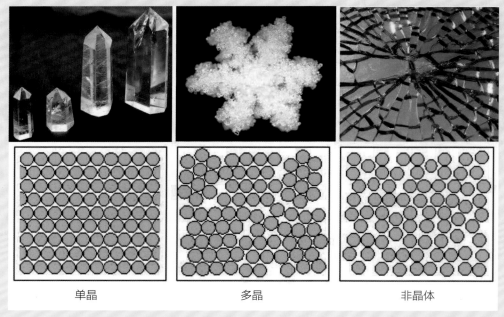

| 单晶 | 多晶 | 非晶体 |

图 35.8 不同物质的微观排列

36

健康奶茶

奶茶是在年轻人中很受欢迎的一种饮品，它既有牛奶的营养又有茶的清香。如果往奶茶里面添加了珍珠丸子，那种丝滑的口感真是妙不可言。但是，市面上售卖的奶茶的质量参差不齐，有些奶茶中根本没有牛奶和茶，而是用质量低劣的奶精和香精制成的。我们能不能在家里做奶茶呢？当然可以。

实验器材

牛奶、水、食用色素、塑料杯、吸管、剪刀、胶带，如图 36.1 所示。

图 36.1 实验器材

为了使大家看到更明显的实验现象，我们用食用色素来代替花果茶。

实验过程

（1）拿起一个准备好的塑料杯，将其捏扁，然后在距离底部约 3 厘米的位置对折一次，再用剪刀在塑料杯上对折的地方剪出一个小洞，如图 36.2 所示。这个洞不可过大，使吸管能刚好从洞中穿过即可。

（2）将吸管插入小洞中，尽量使吸管的一端紧贴在杯子底部。

（3）取另外一个塑料杯，将这两个塑料杯子的底部对在一起并用胶带粘好，这样就做好了一个双层杯塔。

（4）用同样的方法制作三层、四层和五层的杯塔，并用吸管将各个塑料杯连接起来，最终效果如图 36.3 所示。

图 36.2 在杯子上剪一个小洞

图 36.3 杯塔

（5）往最左边的塑料杯中倒入些许牛奶，再将准备好的食用色素依次倒入其他 4 个塑料杯中。食用色素的液面要低于小孔所在的位置。

（6）在最右侧的杯子中倒入些许清水，使液面没过小洞。我们的整个装置就可以开始启动了。当液面高度不够时，液体难以进入吸管内，这时只需继续向杯中加入清水，直到装置启动，如图 36.4 所示。我们将会看到第一个杯子中的液体通过吸管缓缓流入第二个杯子中，如图36.5 所示。当第二个杯子的液面没过小洞时，其中的液体也开始缓缓流出。紧接着，第三个杯子中的液体开始流

图 36.4 启动实验装置

动，最后第四个杯子中的液体也开始流动了。最终，这 4 个杯子中的液体都流到最左边的杯子中。

图 36.5 液体依次向下流动

实验原理

　　这个实验利用了虹吸效应。当液面没过吸管右端时，在大气压的作用下，液体被压进吸管。在图 36.6 中，以液面上 A、D 两点的大气压 p 为参考值，吸管中 C 点的压强为 $p-\rho gh_1$，B 点的压强是 $p-\rho gh_2$，B 点的压强大于 C 点的压强，因此右侧杯子中的水通过吸管流入左侧的杯子中。需要注意的是，这个实验中吸管两端的压强差只与液体的密度和高度差有关，而与吸管的粗细无关。大气压所能托起的水柱的最大高度约为10 米，所以，如果有更长的管子，也可以拿来试试！

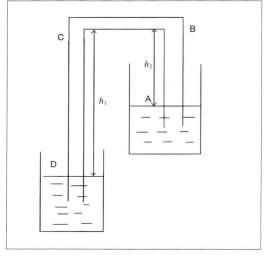

图 36.6 虹吸效应原理图

拓展知识

　　生活中利用虹吸效应的地方很多。例如，卫生间中的抽水马桶就利用了虹吸效应，马桶中仅用少量的水就可以封住下水口，从而阻挡空气的流通，保持室内空气清新。再如，我国古代发明的公道杯分上下两层，其间有一根空心瓷管相连。当上层杯中盛的酒超过空心瓷管的端口时，上面杯子中的酒就会流入下边的杯子中。